BestMasters

Mit „BestMasters" zeichnet Springer die besten Masterarbeiten aus, die an renommierten Hochschulen in Deutschland, Österreich und der Schweiz entstanden sind. Die mit Höchstnote ausgezeichneten Arbeiten wurden durch Gutachter zur Veröffentlichung empfohlen und behandeln aktuelle Themen aus unterschiedlichen Fachgebieten der Naturwissenschaften, Psychologie, Technik und Wirtschaftswissenschaften.

Die Reihe wendet sich an Praktiker und Wissenschaftler gleichermaßen und soll insbesondere auch Nachwuchswissenschaftlern Orientierung geben.

Mark Popenco

Allgemeine Relativitätstheorie und Gravitomagnetismus

Eine Einführung für Lehramtsstudierende

 Springer Spektrum

Mark Popenco
Koblenz, Deutschland

OnlinePlus Material zu diesem Buch finden Sie auf
http://www.springer.com/978-3-658-17221-3

BestMasters
ISBN 978-3-658-17220-6   ISBN 978-3-658-17221-3   (eBook)
DOI 10.1007/978-3-658-17221-3

Die Deutsche Nationalbibliothek verzeichnet diese Publikation in der Deutschen National-
bibliografie; detaillierte bibliografische Daten sind im Internet über http://dnb.d-nb.de abrufbar.

Springer Spektrum
© Springer Fachmedien Wiesbaden GmbH 2017

Gedruckt auf säurefreiem und chlorfrei gebleichtem Papier

Springer Spektrum ist Teil von Springer Nature
Die eingetragene Gesellschaft ist Springer Fachmedien Wiesbaden GmbH
Die Anschrift der Gesellschaft ist: Abraham-Lincoln-Str. 46, 65189 Wiesbaden, Germany

Für meine lieben Eltern

Vorwort

Von der Allgemeinen Relativitätstheorie habe ich das erste Mal in der Veranstaltung „Gebietsübergreifende Konzepte und Anwendungen" des Master of Education Physik Studiengangs an der Johannes Gutenberg-Universität in Mainz gehört. Dadurch ist mir ein Blick auf eine für mich bis dahin noch völlig unbekannte Welt gewährt worden. Um Einsteins geniale Gedankengänge nachzuvollziehen, habe ich mich dazu entschlossen, mich im Rahmen meiner Masterarbeit weitergehend mit dieser faszinierenden Theorie zu befassen. Mit dem Lesen der folgenden Seiten hoffe ich, dass Sie, verehrter Leser, einen Einblick in eines der bedeutendsten Gedankengebäude der Physik gewinnen und ein Funke meiner Begeisterung für diese Theorie auf Sie überspringt.

Ohne die kompetente, fachliche Unterstützung von Stefan Scherer, der mir in zahlreichen Diskussionen stets beratend zur Seite gestanden hat, wäre diese Arbeit wohl nie zustande gekommen. Vielen Dank dafür. Auch danke ich Jonas Pohl für seine ständige Bereitschaft eines klärenden Gedankenaustausches. Ebenso bedanke ich mich bei Anna-Maria Hauck, die diese Arbeit mehr als einmal gelesen und mir damit sehr geholfen hat.

Auch bin ich dankbar für meine Freunde Marc, Julian, Patrick, Daniel und Sven, die mich während meines Studiums begleitet haben und es damit zu einer unvergesslichen Zeit werden ließen.

Koblenz, im Januar 2017

„Manche Männer bemühen sich lebenslang, das Wesen einer Frau zu verstehen. Andere befassen sich mit weniger schwierigen Dingen, zum Beispiel der Relativitätstheorie."[1]

Albert Einstein[2]

---

[1] Für dieses Zitat findet sich keine zuverlässige Quelle, die es eindeutig Einstein zuordnet. Dennoch scheint es dem Autor ein passender Einstieg in diese Arbeit zu sein.

[2] [1879-1955]

Inhaltsverzeichnis

1 Einleitung

Am 4. November 1915 präsentiert Albert Einstein der Preußischen Akademie der Wissenschaften seine Allgemeine Relativitätstheorie (ART)[3]. Durch die Vereinigung von Gravitation, Raum und Zeit revolutioniert er das physikalische Weltbild. Einstein fasst in seiner Theorie die Welt als vierdimensionale Raumzeit auf und präsentiert Feldgleichungen[4], die es ermöglichen physikalische Gesetze unabhängig von der Wahl des Bezugssystems zu beschreiben. Raum und Zeit sind voneinander abhängige Grundmotive und keine starren Gerüste mehr wie in der klassischen Mechanik. Einsteins Raumzeit wird dabei insbesondere von Materie beeinflusst, wodurch der Begriff der Gravitation völlig neu interpretiert wird.

Obwohl ihm seine Theorie zu weltweitem Ruhm und Anerkennung verhilft und fast jeder Albert Einstein mit der Relativitätstheorie in Verbindung bringen kann, wissen nur die Wenigsten um die wahre Meisterleistung Einsteins, die ihn verdientermaßen zur Koryphäe der theoretischen Physik aufsteigen lässt. Seine Theorie hat bis heute jeden experimentellen Test erfolgreich bestanden. Als jüngstes Beispiel sind an dieser Stelle die Gravitationswellen[5] zu nennen, die am 14. September 2015 um 09:50:45 UTC experimentell bestätigt und bereits am 14. Februar 1918 von Einstein postuliert[6] wurden. In dieser Arbeit wollen wir darauf jedoch nicht weiter eingehen.

Um die ART verstehen zu können, ist ein Grundlagenstudium der klassischen Mechanik, der Elektrodynamik sowie der Speziellen Relativitätstheorie (SRT) zwingend notwendig. Mathematische Grundlagen auf dem Gebiet der Tensorrechnung, insbesondere das Herauf- und Herunterziehen sowie das Kontrahieren von Indizes, sind ebenso erforderlich.

Diese Arbeit richtet sich daher an Studenten und Absolventen der Physik und in besonderer Weise auch an Lehramtskandidaten und Lehrer, die die Theorievorlesungen des Studiums erfolgreich bewältigt haben und einen Einblick in die ART gewinnen möchten. Auf Grundlage dieser Kenntnisse erarbeiten wir nach

---

[3]   Die Publikation findet sich in (Einstein, 1915c).
[4]   Siehe dazu auch (Einstein, 1915a).
[5]   Die Publikation ist in (LIGO Scientific Collaboration and Virgo Collaboration, 2016) zu finden.
[6]   Siehe dazu auch (Einstein, 1918).

und nach mit vielen Zwischenschritten und Berechnungen Einsteins Feldgleichungen der ART und bestimmen deren Lösungen in konkreten Situationen. Weiterführende mathematische Kenntnisse wie die Differentialgeometrie werden in dieser Arbeit nicht thematisiert und sind zum Verständnis des hier Präsentierten auch nicht erforderlich. Wir wollen dem interessierten Leser einen Einblick in die Welt der ART bieten und durch diese Arbeit auf die Bedeutsamkeit dieser Theorie aufmerksam machen.

Die ART ist eine geometrische Theorie der Gravitation. Es gilt daher zuallererst den Begriff der Gravitation näher zu untersuchen. Die SRT gilt es als Vorläufer der ART ebenfalls zu studieren. Nach einem kurzen Abriss der SRT werden wir, in Analogie zur Herleitung der relativistischen Feldgleichungen der Elektrodynamik (ED), versuchen die relativistischen Feldgleichungen der Gravitationstheorie zu bestimmen. Anschließend werden wir uns ausführlich mit dem Prinzip des Verallgemeinerns physikalischer Gesetze befassen und die dazu notwendigen mathematischen Grundlagen erarbeiten. Erst danach wird es uns möglich sein die Einstein'schen Feldgleichungen, also jene Gleichungen, die die Wechselwirkung zwischen Materie, Raum und Zeit beschreiben, herzuleiten. Mithilfe der aufgestellten Gleichungen betrachten wir den denkbar einfachsten Fall eines Gravitationsfeldes, den Fall des statischen Gravitationsfeldes. Dort werden wir die sogenannte Schwarzschild-Lösung, die Karl Schwarzschild[7] bereits 1916 gefunden hat[8], mithilfe der Einstein'schen Feldgleichungen explizit berechnen. Im Anschluss wollen wir mit der Schwarzschild-Lösung die von Einstein postulierten physikalischen Konsequenzen seiner Relativitätstheorie untersuchen und uns deren experimentellen Nachweisen zuwenden.

Ferner betrachten wir auch stationäre Gravitationsfelder und suchen Lösungen der Feldgleichungen für diesen Spezialfall. Zuvor müssen wir uns dazu jedoch die mathematischen Grundlagen aneignen. Einer aus dieser Betrachtung neu resultierenden Auswirkung, einem sogenannten gravitomagnetischen Effekt, den Josef Lense[9] und Hans Thirring[10] bereits 1918 als Folgerung aus der ART

---

[7]   [1873-1916]
[8]   Siehe dazu auch (Schwarzschild, 1916).
[9]   [1890-1985]
[10]   [1888-1976]

theoretisch vorhergesagt haben[11], wenden wir uns im besonderen Maße zu: Dem Lense-Thirring-Effekt. Abschließen wollen wir diese Arbeit mit einem Resümee der Analogien von Gravitationstheorie und Elektromagnetismus.

Um jedoch dorthin zu gelangen, müssen wir zunächst die klassische Mechanik und das dort geltende Gravitationsgesetz thematisieren. Mit dem Begriff „Gravitation" wird der Leser sicherlich eine der berühmtesten Anekdoten der Physik verbinden: Der vom Baum fallende Apfel, der Isaac Newton[12] 1686 zu dessen Gravitationstheorie „Philosophiae naturalis principia mathematica"[13] inspiriert haben soll. Es stellt sich nun die naive Frage, weshalb Newtons Theorie nach über 200 Jahren des Erfolges von einer anscheinend allgemeineren Theorie abgelöst worden ist. Weshalb bedarf es einer neuen Gravitationstheorie und in welchem Zusammenhang steht diese mit der 1905 ebenfalls von Einstein formulierten SRT, einer Theorie von Raum und Zeit? Zur Beantwortung dieser Fragen müssen wir uns zunächst genauer mit der Newton'schen Gravitationstheorie befassen.

---

[11] Die Publikation findet sich in (Lense und Thirring, 1918).
[12] [1643-1727]
[13] Siehe auch (Newton, 1848).

2 Klassische Mechanik

2.1 Newtons Gravitationstheorie

Die ART ist eine klassische Feldtheorie. Um diese Theorie verstehen zu können, ist eine Auseinandersetzung mit den Grundlagen der klassischen Mechanik unabdingbar. Deshalb widmen wir uns zunächst der historisch ersten Theorie, die die Gravitation darzustellen versucht: Der Newton'schen Gravitationstheorie. Newton beschreibt die gravitative Wechselwirkung von N Massenpunkten durch die Gleichung

$$m_i \frac{d^2 r_i(t)}{dt^2} = -G \sum_{j=1,\ j \neq i}^{N} \frac{m_i m_j [r_i(t) - r_j(t)]}{|r_i(t) - r_j(t)|^3}. \tag{2.1}$$

Dabei ist $r_i(t)$ die Position des i-ten Körpers zur Zeit t, m_i dessen Masse und G Newtons Gravitationskonstante[14]. Mithilfe von (2.1) lassen sich viele mechanische Bewegungen, wie Wurfparabeln, Kepler-Ellipsen, nach Johannes Kepler[15], oder Kometenbahnen, beschreiben. Im Hinblick auf eine Verallgemeinerung von (2.1) ist zunächst eine Umformulierung notwendig. Dazu wird das skalare Gravitationspotential

$$\Phi(r) = -G \sum_j \frac{m_j}{|r - r_j|} = -G \int d^3 r' \frac{\rho(r')}{|r - r'|} \tag{2.2}$$

---

[14] Die experimentell bestimmte Gravitationskonstante $G = (6.674 \pm 0.001) \cdot 10^{-11} \frac{m^3}{kg\,s^2}$ findet sich in (Mohr, Newell und Taylor, 2015).

[15] [1571-1630]

eingeführt. Im letzten Ausdruck von (2.2) wird über die einzelnen Beiträge $dm = \rho(r')\,d^3r'$ der Massendichte ρ summiert und der Bahnvektor des i-ten Massenpunkts in (2.1) mit $r = r(t) = r_i(t)$ bezeichnet. Das Gravitationspotential $\Phi(r)$ wird dabei durch die Massen aller anderen Teilchen bestimmt. Wegen

$$\nabla \frac{1}{|r - r_j|} = -\frac{r - r_j}{|r - r_j|^3} \tag{2.3}$$

folgt aus (2.1) und (2.2) die Bewegungsgleichung

$$F = m\frac{d^2 r}{dt^2} = -m\nabla\Phi(r) = mg \tag{2.4}$$

eines Teilchens im Gravitationskraftfeld. Zudem ergibt sich aus (2.2) und

$$\Delta \frac{1}{|r - r'|} = -4\pi\delta(r - r') \tag{2.5}$$

die Feldgleichung

$$\Delta\Phi(r) = -G \int d^3r'\Delta \frac{\rho(r')}{|r - r'|} = 4\pi G\rho(r), \tag{2.6}$$

die auch als Poisson-Gleichung, nach Siméon Denis Poisson[16], bekannt ist. Im Spezialfall des Vakuums mit $\rho(r) = 0$ ergibt sich schließlich die Laplace-Gleichung

$$\Delta\Phi(r) = 0, \tag{2.7}$$

nach Pierre-Simon (Marquis de) Laplace[17]. Aus (2.6) wird ersichtlich, dass die Massendichte $\rho(r)$ als Quelle des Gravitationskraftfeldes fungiert und damit Masse ein skalares Gravitationspotential erzeugt, welches das Gravitations-Kraftfeld bestimmt.

In Analogie dazu möchten wir die Elektrostatik betrachten, in der die Ladung q als Quelle des elektrischen Feldes fungiert. Ebenso finden sich weitere analoge Strukturen. So hat etwa (2.6) die gleiche Struktur wie die Feldgleichung der Elektrostatik

$$\Delta\Phi_e = -4\pi\rho_e. \tag{2.8}$$

---

[16]   [1781-1840]
[17]   [1749-1827]

Ferner stellen wir fest, dass (2.6) und (2.8) unterschiedliche Vorzeichen haben. Das negative Vorzeichen aus (2.8) resultiert aus der Unterscheidung von negativer und positiver elektrischer Ladung. Da sich gleichnamige Ladungen abstoßen, muss die entsprechende Coulomb-Kraft, nach Charles Augustin de Coulomb[18], abstoßend wirken, weshalb es eines negativen Vorzeichens bedarf. In der Gravitationstheorie existieren keine negativen Massen, sodass die Gravitationskraft stets anziehend wirkt und wir deswegen ein positives Vorzeichen schreiben.

Auch (2.4) hat dieselbe Struktur wie die nichtrelativistische Bewegungsgleichung

$$F = m\frac{d^2 r}{dt^2} = -q\nabla\Phi_e, \qquad E = \frac{F}{q} = -\nabla\Phi_e \qquad (2.9)$$

eines Teilchens mit Ladung q. Dabei ist ρ_e die Ladungsdichte, Φ_e das elektrostatische Potential und E das statische elektrische Feld.

Ein ausgedehnter Körper mit sphärisch-symmetrischer Massenverteilung übt im Außenraum[19] dieselbe Gravitationswirkung aus, wie wenn seine gesamte Masse in seinem Schwerpunkt läge. Daher können wir ausgedehnte Himmelskörper näherungsweise als Massenpunkte beschreiben.

Für eine Kraft F, die von einer Masse M auf eine andere Masse m im Abstand r ausgeübt wird, lautet Newtons Gesetz nach (2.1)

$$F = -\frac{MmG}{r^3}r. \qquad (2.10)$$

Analog zur elektrischen Feldstärke der Elektrostatik kann nun auch in der Gravitationstheorie die Gravitationsfeldstärke $g := \frac{F}{m}$ definiert werden. Damit gilt nach (2.10) für die Feldstärke im Abstand r von der Masse M

$$g = -\frac{GM}{r^2}\hat{r}. \qquad (2.11)$$

Unter Berücksichtigung von (2.2) und (2.4) kann (2.11) zu

$$g = -\nabla\Phi, \qquad \Phi(r) = -\frac{GM}{r} \qquad (2.12)$$

---

[18] [1736-1806]
[19] Nach dem Newton'schen Schalentheorem wirkt in einem beliebigen Abstand r vom Mittelpunkt einer kugelsymmetrischen Massenverteilung die Gravitationskraft, die genau von dem Anteil der Gesamtmasse erzeugt wird, der innerhalb einer Kugel mit dem Radius r liegt.

umgeschrieben werden. Newtons Gravitationstheorie wird somit lediglich durch eine Gleichung beschrieben[20].

2.2   Schwaches Äquivalenzprinzip

Betrachtet man die Kopplungskonstante q der Wechselwirkung in (2.9), so ist festzustellen, dass diese von der auf der linken Seite der Gleichung stehenden Masse m nicht beeinflusst wird. Beim Untersuchen der dazu analogen Gleichung (2.4) fällt auf, dass beide Seiten der Gleichung die Masse m beinhalten. In Analogie zur Elektrostatik könnte daher der Verdacht aufkommen, dass zwischen diesen beiden Massen unterschieden werden müsste. Da die linke Masse auf Newtons Trägheitssatz zurückzuführen ist, wird sie auch als träge Masse m_t bezeichnet. Je größer die träge Masse m_t ist, desto mehr Kraft muss auf einen trägen Körper wirken, um ihn zu beschleunigen. Die rechte Masse hingegen ist an die Gravitation gekoppelt und wird deshalb schwere Masse m_s genannt. Zwei Körper mit schweren Massen ziehen sich demzufolge nach Newtons Gravitationsgesetz an. Analog zu (2.9) sind diese Massen mathematisch voneinander unabhängig.

Das Eötvös-Experiment[21], nach Loránd Ágoston Eötvös[22], hat jedoch 1891 mit einer Genauigkeit von 10^{-9} gezeigt, dass die Gravitationskraft proportional zur trägen Masse ist. Auch Galileo Galilei[23] formulierte bereits 1638 in seinen „Discorsi e Dimostrazioni Matematiche intorno a due nuove scienze", dass alle Körper gleich schnell fallen[24]. Diese Äquivalenz von träger und schwerer Masse wird deshalb in Abgrenzung zum in Abschnitt 5.2 vorgestellten Starken Äquivalenzprinzip auch als Schwaches Äquivalenzprinzip[25] bezeichnet. Aktuelle Messungen weisen das Schwache Äquivalenzprinzip mit einer Genauigkeit von 10^{-14} nach[26]. Derzeit sind

---

[20]   Später wird sich herausstellen, dass die ART durch zehn Gleichungen beschrieben wird, die im Spezialfall in den Newton'schen Grenzfall übergehen.

[21]   Weitere Informationen zum Eötvös-Experiment finden sich in Kapitel 5 aus (Eötvös, 1891).

[22]   [1848-1919]

[23]   [1564-1642]

[24]   Siehe dazu (Galilei, 1890).

[25]   Weiterführendes zum Schwachen Äquivalenzprinzip und dessen Tests findet sich in Unterabschnitt 4.5.1 aus (Camenzid, 2016) und in der Zeitschrift Classical and Quantum Gravity, Jahrgang 29, Heft 18 vom 21. September 2012.

[26]   Siehe dazu (Baeßler et al., 1999).

sogar Experimente in Planung, die die Äquivalenz von träger und schwerer Masse bis zu einer Genauigkeit von 10^{-17} bestimmen sollen[27].

An dieser Stelle sei noch einmal ausdrücklich darauf verwiesen, dass eine Unterscheidung von m_t und m_s mathematisch durchaus Berechtigung fände. Die Äquivalenz von m_t und m_s ist lediglich eine Erfahrungstatsache und damit keineswegs trivial. Da die Struktur der Newton'schen Theorie trotz Unterscheidung von m_t und m_s erhalten bliebe, erscheint die Äquivalenz in Newtons Theorie eher zufällig. In der ART hingegen ist dieses Äquivalenzprinzip ein grundlegender Ausgangspunkt.

Obwohl die Poisson-Gleichung (2.4) und die Laplace-Gleichung (2.7) ausreichend für die Beschreibung vieler mechanischer Probleme sind, sind sie nicht allgemein gültig, da sie nicht relativistisch sind. Da sie sich jedoch in vielen Alltagssituationen bewährt haben, müssen sie zwangsläufig der Grenzfall einer allgemeineren, relativistischen Theorie sein. Diese allgemeinere Theorie ist die ART.

Um die ART verstehen zu können, ist jedoch eine Auseinandersetzung mit der SRT unumgänglich. Im folgenden Kapitel werden daher die Grundlagen der SRT dargestellt und die für die Beschreibung der ART notwendigen Aspekte herausgearbeitet.

---

[27]   Siehe dazu (Reasenberg, Patla, Phillips und Thapa, 2012).

3 Spezielle Relativitätstheorie

3.1 Lorentz-Transformation

3.1.1 Galilei-Transformation

Um physikalische Vorgänge adäquat beschreiben zu können, bedarf es stets eines Bezugssystems (BS). Wird sich in einem Bezugssystem auf bestimmte Koordinaten festgelegt, so wird dieses BS Koordinatensystem (KS) genannt. In manchen, speziellen KS erscheinen physikalische Gesetze einfacher als in anderen und nur in diesen gelten die Newton'schen Bewegungsgleichungen. Diese speziellen KS werden Inertialsysteme[28] (IS) genannt. Experimentell wurde der Begriff des IS darüber klassifiziert, dass sich IS relativ zum Fixsternhimmel[29] und damit auch relativ zueinander stets mit konstanter Geschwindigkeit bewegen und die Beschreibung physikalischer Vorgänge außerdem unabhängig von dieser Geschwindigkeit ist. Aufgrund dieser geradlinig gleichförmigen Bewegung wirken in IS keine Trägheitskräfte, da diese nur in beschleunigten BS auftreten.[30] Nicht-IS sind damit BS, die relativ zum Fixsternhimmel beschleunigt sind und in denen demzufolge Trägheitskräfte auftreten. In diesem Kapitel wollen wir uns zunächst nur mit IS beschäftigen. Im nächsten Kapitel betrachten wir dann auch beschleunigte BS. Aufgrund der Unabhängigkeit physikalischer Gesetze vom betrachteten IS formuliert Galilei 1632 in seinem „Dialogo sopra i due massimi sistemi del mondo" das Relativitätsprinzip, dass alle IS gleichwertig seien[31].

Wenn alle IS gleichwertig sind, müssen physikalische Gesetze in allen IS dieselbe Form haben. Formal heißt dies, dass Gesetze unter Transformation von IS zu IS′ ihre Form bewahren müssen, was auch als Forminvarianz oder Kovarianz bezeichnet

---

[28] Inertialsysteme werden erstmals in (Lange, 1885) erwähnt.
[29] Der Begriff des Fixsterns stammt aus der Antike und bezeichnet einen scheinbar unbeweglichen Stern am Himmel. Tatsächlich haben aber auch diese Sterne eine Eigenbewegung. Der Begriff des Fixsternhimmels ist damit wissenschaftlich unpräzise. Näherungsweise kann jedoch von einem Fixsternhimmel ausgegangen werden, da diese Bewegungen aufgrund der großen Entfernung sehr langsam erscheinen. Siehe dazu auch Unterabschnitt 1.1.4 aus (Hanslmeier, 2013).
[30] Zur Klassifikation von Trägheitskräften und deren Bedeutung siehe auch Abschnitt 4.3 aus (Tipler, Mosca und Wagner, 2015).
[31] Siehe dazu auch (Galilei, 1891).

wird. Dabei wird ein Ereignis in IS durch $(x, y, z, t) = (x^1, x^2, x^3, t)$ eindeutig festgelegt. In IS′ hat dasselbe Ereignis entsprechend die Koordinaten $(x', y', z', t') = (x'^1, x'^2, x'^3, t')$. Die Transformation zwischen IS und IS′, die physikalische Gesetze invariant lässt, muss eine möglichst einfache sein und erfüllt

$$x'^i = \alpha^i{}_k x^k + a^i + v^i t, \tag{3.1}$$

$$t' = t + t_0. \tag{3.2}$$

Dabei sind x^i, v^i und a^i kartesische Komponenten von Vektoren und es gilt die Einstein'sche Summenkonvention[32], dass im Fall doppelt auftretender Indizes über deren Indexbereich summiert wird. Zudem gilt die Konvention, dass lateinische Indizes die Werte $1, 2, 3$ annehmen, griechische dagegen die Werte $0, 1, 2, 3$. In (3.1) und (3.2) ist v die Relativgeschwindigkeit zwischen IS und IS′, a eine konstante räumliche Verschiebung, t_0 eine konstante zeitliche Verschiebung und $\alpha^i{}_k$ eine relative Drehung der Koordinatenachsen.

Für die Transformationsmatrix $\alpha = (\alpha^i{}_k)$ fordern wir die Eigenschaft der Längenerhaltung, welche durch die Bedingung

$$\alpha \alpha^T = 1 \quad \text{oder} \quad \alpha^i{}_n (\alpha^T)^n{}_k = \delta^i_k \tag{3.3}$$

realisiert wird. Dabei ist das Kronecker-Delta δ^i_k, nach Leopold Kronecker[33], durch

$$\delta^i_k := \begin{cases} 1, & i = j \\ 0, & i \neq j \end{cases} \tag{3.4}$$

definiert.

Aus (3.3) folgt $\alpha^{-1} = \alpha^T$, weshalb α orthogonal sein muss. Da wir uns bei der Diskussion von Galilei-Transformationen in der Regel auf Drehmatrizen beschränken, hat α meist die zusätzliche Eigenschaft $\det \alpha = 1$. Die Orthogonalität von α stellt insbesondere die Invarianz des Wegelements[34]

$$ds^2 = dx^2 + dy^2 + dz^2 \tag{3.5}$$

im euklidischen Raum sicher.

---

[32] Siehe dazu auch „Bemerkung zur Vereinfachung der Schreibweise der Ausdrücke" (Einstein, 1916, S. 781).

[33] [1823-1891]

[34] Mithilfe des Wegelements lässt sich das Abstandsquadrat zweier Raumpunkte beschreiben.

Damit gilt unter einer Galilei-Transformation stets

$$ds^2 = dx^2 + dy^2 + dz^2 = dx'^2 + dy'^2 + dz'^2 = ds'^2. \tag{3.6}$$

Die Galilei-Transformation lässt damit den Abstand zwischen zwei Punkten invariant. Durch Einsetzen des Wegelements in (3.1) kann (3.6) leicht gezeigt werden. Außerdem bilden (3.1) und (3.2) die sogenannte Galilei-Gruppe[35], eine 10-parametrige Gruppe von Transformationen, unter denen die Gesetze der Newton'schen Mechanik invariant bleiben.

Das Galilei'sche Relativitätsprinzip beschreibt die Äquivalenz der Newton'schen Gesetze in allen IS. Die Geschwindigkeit eines IS muss daher stets relativ zu einem anderen IS angegeben werden, wodurch absolute Geschwindigkeiten ausgeschlossen werden. Bewegt sich also IS relativ zu IS' mit v und IS'' relativ zu IS' mit v', so bewegt sich IS'' relativ zu IS folglich mit

$$v'' = v' + v. \tag{3.7}$$

Die Allgemeingültigkeit von (3.7) wird vom Leser vermutlich in Frage gestellt. Schon Ole Christensen Rømer[36] hat 1676 die Endlichkeit der Lichtgeschwindigkeit c gezeigt. 1887 haben Albert Abraham Michelson[37] und Edward Williams Morley[38] mit ihrem berühmten Experiment die Äthertheorie widerlegt und damit sogar die Absolutheit von c nachgewiesen[39]. Die Lichtgeschwindigkeit c ist deshalb eine vom Bezugssystem unabhängige Naturkonstante. Damit ist (3.7) auszuschließen. Gerechtfertigt wird dies unter anderem beim Betrachten der Maxwell-Gleichungen, nach James Clerk Maxwell[40], die unter Galilei-Transformationen nicht invariant bleiben[41]. Da die Galilei-Transformation somit relativistisch falsch ist und damit der ART nicht genügen kann, bedarf es einer Anpassung von (3.1) und (3.2).

---

[35] Für einen ausführlicheren Überblick zur Thematik der Galilei-Gruppe seien an dieser Stelle die Abschnitte 2.2 und 2.3 aus (Bartelmann et al., 2015) empfohlen.
[36] [1644 – 1710]
[37] [1852 – 1931]
[38] [1838 – 1923]
[39] Kapitel 2 aus (Sonne, 2016) bietet einen Überblick über den historisch-physikalischen Kontext.
[40] [1831-1879]
[41] Eine umfangreiche Diskussion der Maxwell-Gleichungen sowie der Grenzen der Galilei-Invarianz findet sich in Kapitel 2 aus (Woodhouse, 2016).

3.1.2   Grundlagen der Lorentz-Transformation

Die Lösung postuliert Einstein 1905[42] in der SRT: Das Einstein'sche Relativitätsprinzip ersetzt die Galilei-Transformation durch die sogenannte Lorentz-Transformation[43] (LT), nach Hendrik Antoon Lorentz[44]. Diese muss eine lineare Transformation sein, weil die Transformation der Geschwindigkeit eines Teilchens wegen der Homogenität von Raum und Zeit nicht von den Raum-Zeit-Koordinaten abhängen kann. Dies ist genau dann der Fall, wenn die Koeffizienten $\Lambda^{\alpha}{}_{\beta}$ der linearen Transformation nicht von x^{α} abhängen.

Um die Lorentz-Transformation beschreiben zu können, ist zunächst ein Übergang in den vierdimensionalen Minkowski-Raum[45], nach Hermann Minkowski[46], notwendig, sodass ein Ereignis in IS nun über die kartesischen Raum-Zeit-Koordinaten

$$x^{\alpha} = (x^0, x^i) = (x^0, x^1, x^2, x^3) = (ct, x, y, z) \qquad (3.8)$$

charakterisiert wird. Dementsprechend muss das Wegelement (3.5) angepasst werden, wodurch es nun nicht mehr nur vom Ort, sondern auch von der Zeit abhängt und deswegen im Minkowski-Raum

$$ds^2 = \eta_{\alpha\beta} dx^{\alpha} dx^{\beta} = c^2 dt^2 - dx^2 - dy^2 - dz^2 = c^2 dt^2 - dr^2 \qquad (3.9)$$

gilt. Wir nennen (3.9) auch Quadrat des verallgemeinerten Abstands.

---

[42]   Die originale Veröffentlichung findet sich in (Einstein, 1905).
[43]   An dieser Stelle kann nur kurz auf die LT eingegangen werden; für eine tiefgründige Lektüre seien an dieser Stelle vorzugsweise Kapitel 4 aus (Scheck, 2007a) und Kapitel 1 aus (Scherer, 2016) empfohlen.
[44]   [1853-1928]
[45]   Für eine differenzierte mathematische Auseinandersetzung mit den Axiomen des Minkowski-Raums siehe auch Kapitel 2 aus (Schutz, 1973) und für einen Überblick über die Geometrien der Physik siehe Abschnitt 3.9 aus (Zeidler, 2013).
[46]   [1864-1909]

Dabei wird η[47] als metrischer[48] Tensor[49] der SRT oder Minkowski-Tensor mit den kovarianten Komponenten $\eta_{\alpha\beta}$ bezeichnet, und es gilt

$$\left(\eta_{\alpha\beta}\right) = \left(\eta^{\alpha\beta}\right) = \begin{pmatrix} +1 & 0 & 0 & 0 \\ 0 & -1 & 0 & 0 \\ 0 & 0 & -1 & 0 \\ 0 & 0 & 0 & -1 \end{pmatrix}. \qquad (3.10)$$

Wie wir aus (3.10) ablesen können, hat der Minkowski-Tensor die Eigenschaft

$$\eta^{\alpha\beta}\eta_{\beta\rho} = \delta_\rho^\alpha. \qquad (3.11)$$

Ein Minkowski-Raum ist damit ein vierdimensionaler Raum mit dem Wegelement aus (3.9). Zur Herleitung der inhomogenen LT nehmen wir den allgemeinen Ansatz

$$x'^\alpha = \Lambda^\alpha{}_\beta x^\beta + a^\alpha \qquad (3.12)$$

an. Diese wird auch als Poincaré-Transformation, nach Jules Henri Poincaré[50], bezeichnet. Für eine homogene LT ist der Ansatz

$$x'^\alpha = \Lambda^\alpha{}_\beta x^\beta \qquad (3.13)$$

mit $a^\alpha = 0$ zu wählen. Dabei beinhaltet a^α eine räumliche und eine zeitliche Translation und $\Lambda = \left(\Lambda^\alpha{}_\beta\right)$ ist eine 4×4 Matrix, die relative Drehungen und relative gleichförmige Bewegungen der IS enthält.

Ausgehend von (3.12) muss Λ so bestimmt werden, dass die Invarianz des Wegelements (3.9) und damit die Invarianz der Raumzeit bei Transformation unter (3.12) erhalten bleibt. Es muss also

$$ds'^2 = \eta_{\alpha\beta}dx'^\alpha dx'^\beta = \eta_{\alpha\beta}\Lambda^\alpha{}_\gamma\Lambda^\beta{}_\delta dx^\gamma dx^\delta \overset{!}{=} \eta_{\gamma\delta}dx^\gamma dx^\delta = ds^2 \qquad (3.14)$$

gelten. Die Translation a^α aus (3.12) hat wegen der Differentiale

$$dx'^\alpha = \Lambda^\alpha{}_\beta dx^\beta + da^\alpha = \Lambda^\alpha{}_\beta dx^\beta \qquad (3.15)$$

---

[47]   In der Literatur [z.B.: (Ryder, 2009)] ist auch von $\left(\eta_{\alpha\beta}\right) = \mathrm{diag}(-1,1,1,1)$ zu lesen. Welcher Tensor verwendet wird, ist letzten Endes eine Frage der Konvention. Wir entscheiden uns in dieser Arbeit für die Darstellung aus (3.10).

[48]   Korrekterweise müsste man von einem pseudometrischen Tensor sprechen, da sich die Vorzeichen der Komponenten unterscheiden.

[49]   Eine Einführung in die Tensorrechnung ist in Abschnitt 21 aus (Fließbach, 2009) zu finden.

[50]   [1854-1912]

keinen Einfluss auf ds^2. Die in (3.12) formulierte Bedingung wird auch als Michelson-Morley-Bedingung[51] bezeichnet, da sie eine Folgerung des Michelson-Morley-Experimentes ist und damit auf der Isotropie des Lichtes[52] beruht.

Ein Koeffizientenvergleich des dritten und vierten Terms in (3.14) liefert die einschränkende Bedingung

$$\eta_{\alpha\beta}\Lambda^\alpha_{\ \gamma}\Lambda^\beta_{\ \delta} = \Lambda^\alpha_{\ \gamma}\eta_{\alpha\beta}\Lambda^\beta_{\ \delta} = \eta_{\gamma\delta} \Leftrightarrow \Lambda^T\eta\Lambda = \eta \qquad (3.16)$$

der Transformationsmatrix Λ. Durch (3.12) und (3.14) wird die 10-parametrige Gruppe der inhomogenen Lorentz-Transformationen, auch Poincaré-Gruppe[53] genannt, festgelegt.

Die allgemeine LT[54] von IS nach IS' mit Relativgeschwindigkeit $\boldsymbol{v}_{rel}$ hat dabei die Form

$$\boldsymbol{x}' = \mathcal{D}^{-1}\boldsymbol{x} + \boldsymbol{v}'_{rel}\left[(\gamma-1)\frac{\boldsymbol{x}\cdot\boldsymbol{v}_{rel}}{v^2} - \gamma t\right], \qquad t' = \gamma\left(t - \frac{\boldsymbol{x}\cdot\boldsymbol{v}_{rel}}{c^2}\right). \quad (3.17)$$

Dabei ist $\mathcal{D}$ als Drehung zu interpretieren, die in der allgemeinen LT enthalten sein muss. Wir nehmen deswegen an, dass KS' relativ zu KS für $t = t' = 0$ mit $\mathcal{D}$ gedreht ist. Mit $\boldsymbol{v}_{rel}$ wird die Geschwindigkeit von IS' relativ zu IS angegeben. Das Invertieren von (3.17) liefert

$$\boldsymbol{x} = \mathcal{D}\boldsymbol{x}' + \boldsymbol{v}_{rel}\left[(\gamma-1)\frac{\boldsymbol{x}'\cdot\boldsymbol{v}'_{rel}}{v'^2} - \gamma t'\right], \qquad t = \gamma\left(t' - \frac{\boldsymbol{x}'\cdot\boldsymbol{v}'_{rel}}{c^2}\right). \quad (3.18)$$

Dabei gilt $\mathcal{D}\boldsymbol{v}'_{rel} = -\boldsymbol{v}_{rel}$ und $v' = |\boldsymbol{v}'_{rel}| = |\boldsymbol{v}_{rel}| = v$. Die dimensionslose Größe γ, die auch Lorentz-Faktor genannt wird, hängt nur von der Relativgeschwindigkeit v ab und ist als

$$\gamma := \frac{1}{\sqrt{1 - \frac{v^2}{c^2}}} \qquad (3.19)$$

definiert. Der Lorentz-Faktor beinhaltet die wichtige Information, dass keine Geschwindigkeiten $v > c$ erlaubt sind, da sonst wegen $\frac{v^2}{c^2} > 1$ der Lorentz-Faktor γ

[51]   Siehe dazu auch Kapitel 8 aus (Dreizler und Lüdde, 2005).
[52]   Die Isotropie des Lichts folgt aus der Konstanz der Lichtgeschwindigkeit in allen Richtungen.
[53]   Nähere Informationen zur Poincaré-Gruppe finden sich in Kapitel 1.3 von (Scheck, 2007b).
[54]   Wir verweisen an dieser Stelle auf die Resultate aus §18 in (Møller, 1955).

komplex wird und damit Gleichung (3.17) nicht mehr sinnvoll wäre. Unter Annahme des Kausalitätsprinzips muss die Lichtgeschwindigkeit c damit die maximale Ausbreitungsgeschwindigkeit für Signale sein.[55]

Das Verhältnis von Relativ- zu Lichtgeschwindigkeit wird dabei oft durch

$$\beta := \frac{v}{c} \qquad (3.20)$$

abgekürzt, sodass sich dann

$$\gamma = \frac{1}{\sqrt{1 - \beta^2}} \qquad (3.21)$$

ergibt.

Einsetzen von (3.17) und (3.18) in (3.14) zeigt nach einer kurzen Berechnung, dass die Michelson-Morley-Bedingung erfüllt und die korrekte relativistische Transformation damit gefunden ist.

Im Grenzfall kleiner Geschwindigkeiten mit $\beta \to 0$ geht die allgemeine LT (3.17) in die Galilei-Transformation (3.1) über. Damit steht die relativistische Physik nicht im Widerspruch zur klassischen Physik.

3.1.3   Relativistisches Additionstheorem

Wegen der Absolutheit von c muss nun auch die Geschwindigkeitsaddition (3.7) angepasst werden. Wir betrachten dazu IS und IS$'$, die sich relativ zueinander mit v bewegen. In IS$'$ bewege sich ein Teilchen mit v'. Für die gesuchte Geschwindigkeit v'', mit der sich das Teilchen in IS bewegt, gilt nun das allgemeine Additionstheorem für Geschwindigkeiten[56]

$$v'' = \frac{v + v'_{\parallel} + \dfrac{v'_{\perp}}{\gamma}}{1 + \dfrac{v \cdot v'}{c^2}}. \qquad (3.22)$$

Für die Geschwindigkeitskomponenten gilt dabei $v'_{\parallel} = (v' \cdot \hat{v})\hat{v}$ und $v'_{\perp} = \hat{v} \times (v' \times \hat{v})$. Durch (3.22) werden insbesondere für $v, v' < c$ Geschwindigkeiten $v'' > c$ ausgeschlossen. Damit erfüllt (3.22) die Michelson-

---

[55]   Siehe dazu auch Unterabschnitt 3.1.3 dieser Arbeit.
[56]   Zur Herleitung von (3.22) siehe Kapitel 12.4.2 aus (Petrascheck und Schwabl, 2016).

Morley-Bedingung und geht für $v, v' \ll c$ in den Newton'schen Grenzfall (3.7) über.

Im Folgenden wollen wir uns mit einer weiteren Folgerung aus (3.17) befassen, die den Vergleich von Zeitskalen und Maßstäben aus der Sicht verschiedener IS thematisiert.[57]

3.1.4   Lorentz-Kontraktion

Es sei ein Maßstab entlang der x'-Richtung gegeben, der relativ zu IS$'$ ruht. Die Anfangs- und Endkoordinaten x'_a und $x'_b > x'_a$ bestimmen die Länge des Maßstabs l'_0.[58] Aus Sicht von IS$'$ ergibt sich folglich

$$l'_0 = x'_b - x'_a. \tag{3.23}$$

Wir wollen die Länge des Maßstabs nun aus Sicht von IS, das sich relativ zu IS$'$ mit v_{rel} entlang der x-Achse bewegt, bestimmen. Unter Anwendung der LT (3.18) bei gleichzeitiger Betrachtung von Anfangs- und Endpunkt des Maßstabs in IS gilt $t_a - t_b = 0$ und es ergibt sich die Länge

$$l = \frac{l'_0}{\gamma} \tag{3.24}$$

des Maßstabs. Analog gilt für einen in IS ruhenden Maßstab der Länge l_0 aus der Sicht von IS$'$ ebenso

$$l' = \frac{l_0}{\gamma}. \tag{3.25}$$

Da stets $\gamma \geq 1$ gilt, erscheint der bewegte Maßstab immer verkürzt. Diese Verkürzung tritt dabei nur in der Bewegungsrichtung der IS relativ zueinander auf. Diese sogenannte Längenkontraktion oder auch Lorentz-Kontraktion konnte bisher noch nicht experimentell bewiesen werden, da makroskopische Objekte nicht auf genügend hohe Geschwindigkeiten beschleunigt werden können, die zur Messung von Kontraktionseffekten notwendig wären. Bei mikroskopischen Objekten ist es sehr schwierig überhaupt eine Länge zu messen.[59] Da in der Minkowski-Raumzeit

---

[57]   Herleitungen der Längenkontraktion sowie der Zeitdilatation finden sich in Kapitel 8.2.2 und 8.2.3 aus (Dreizler und Lüdde, 2005).
[58]   Der Index 0 steht dabei für „ruhend".
[59]   Siehe auch Unterabschnitt 8.2.2 aus (Dreizler und Lüdde, 2005).

Ort und Zeit miteinander verknüpft sind, gibt es auch ein zeitliches Pendant zur Längenkontraktion.

3.1.5 Zeitdilatation

In Analogie zu Unterabschnitt 3.1.4 wird nun aus Sicht von IS' ein Zeitintervall an einem festen Ort in IS' betrachtet. Das Zeitintervall ist durch[60]

$$\tau_0' = \tau_b' - \tau_a' \qquad (3.26)$$

gegeben. Ein Beobachter aus IS nimmt unter (3.17) dann das Zeitintervall

$$\tau = \gamma \tau_0' \qquad (3.27)$$

wahr. Die inverse Situation liefert

$$\tau' = \gamma \tau_0. \qquad (3.28)$$

In beiden Fällen erscheint das beobachtete Zeitintervall damit um den Faktor γ vergrößert.

Dieses Phänomen wird Zeitdilatation genannt und meist mit dem Satz „bewegte Uhren gehen langsamer" verbunden. Im Gegensatz zur Längenkontraktion ist die Zeitdilatation experimentell bewiesen. Eindrucksvoll wird die Zeitdilatation beispielsweise am Myonen-Zerfall[61] gezeigt.

3.1.6 Eigenzeit

Mithilfe der Zeitdilatation wollen wir nun das Zeitintervall $d\tau$ einer Uhr, die sich mit nicht-konstanter Geschwindigkeit $v(t)$ bewegt, bestimmen. Dazu fassen wir die bewegte Uhr zunächst als KS' auf und betrachten zu einem bestimmten Zeitpunkt t den Fall, in dem sich KS' relativ zu KS mit konstanter Geschwindigkeit $v_0 = v(t)$ bewegt.

---

[60]   Der Index 0 steht hier für „am festen Ort".
[61]   Siehe dazu z.B. (Schmidt-Ott, 1965).

In einem infinitesimal kleinen Zeitintervall dt in KS bewegt sich die Uhr aufgrund der Zeitdilatation in KS$'$ fast nicht. Es gilt somit in KS$'$: $v' \approx 0$. Daher zeigt die bewegte Uhr in KS$'$ im betrachteten infinitesimal kleinen Zeitintervall näherungsweise dasselbe Zeitintervall wie eine ruhende Uhr an, wodurch nach (3.28)

$$d\tau = dt' = \gamma dt = \sqrt{1 - \frac{v_0^2}{c^2}}\, dt = \sqrt{1 - \frac{v(t)^2}{c^2}}\, dt \qquad (3.29)$$

gilt.

Die gleiche Vorgehensweise kann nun auf alle folgenden infinitesimal kleinen Zeitintervalle angewandt werden, sodass sich die Eigenzeit der mit $v(t)$ bewegten Uhr aus Summation aller $d\tau$ zu

$$\tau = \int_{t_a}^{t_b} dt \sqrt{1 - \frac{v(t)^2}{c^2}} \qquad (3.30)$$

ergibt. Im Vergleich zu in KS ruhenden Uhren, die zwischen zwei Ereignissen die Zeitspanne $\Delta t = t_b - t_a$ anzeigen, zeigt die mit $v(t)$ bewegte Uhr aus der Sicht von KS$'$ eine kleinere Zeitspanne τ an. Damit geht die bewegte Uhr langsamer, was mit dem Resultat aus Unterabschnitt 3.1.5 übereinstimmt. Im Spezialfall $v(t) = $ const. geht (3.30) nach Umstellen in den Grenzfall (3.27) über.

3.2   Relativistische Feldgleichungen der Elektrodynamik

Im folgenden Abschnitt wollen wir überprüfen, ob die Maxwell-Gleichungen

$$\nabla \cdot \boldsymbol{B} = 0, \qquad \nabla \times \boldsymbol{E} + \frac{\partial \boldsymbol{B}}{\partial t} = 0,$$

$$\nabla \cdot \boldsymbol{E} = \rho, \qquad \nabla \times \boldsymbol{B} + \frac{\partial \boldsymbol{E}}{\partial t} = \boldsymbol{j} \qquad (3.31)$$

unter LT tatsächlich invariant bleiben, indem wir die SRT mit der ED verknüpfen. Zur Überprüfung des Transformationsverhaltens der Maxwell-Gleichungen müssen wir diese dem vierdimensionalen Minkowski-Raum anpassen.

Wir definieren zunächst das 4-Vektor-Potential

$$A^\alpha = (A^0, A^1, A^2, A^3) = (\Phi, A_x, A_y, A_z) = (\Phi, \boldsymbol{A}). \tag{3.32}$$

Das Anwenden von (3.10) liefert

$$\eta_{\alpha\beta} A^\beta = A_\alpha = (A_0, A_1, A_2, A_3) = (\Phi, -A_x, -A_y, -A_z) = (\Phi, -\boldsymbol{A}). \tag{3.33}$$

Dabei sind Φ und $\boldsymbol{A}$ Skalar- und Vektorpotential des Elektromagnetismus. Mithilfe dieser Potentiale können wir die Maxwell-Gleichungen (3.31) umformulieren. Wir schreiben

$$\boldsymbol{E} = -\frac{1}{c}\frac{\partial \boldsymbol{A}}{\partial t} - \nabla\Phi, \qquad \boldsymbol{B} = \nabla\times\boldsymbol{A}. \tag{3.34}$$

Unter einer Eichtransformation gilt für die Komponenten des 4-Vektor-Potentials

$$A'^\alpha = A^\alpha + \partial^\alpha \chi. \tag{3.35}$$

Dabei ist ∂^α als

$$\partial^\alpha := \frac{\partial}{\partial x_\alpha} = \begin{pmatrix} \dfrac{1}{c}\dfrac{\partial}{\partial t} \\ -\nabla \end{pmatrix} \tag{3.36}$$

definiert.

Durch Herunterziehen des Index erhält man außerdem

$$\partial_\alpha := \frac{\partial}{\partial x^\alpha} = \begin{pmatrix} \dfrac{1}{c}\dfrac{\partial}{\partial t} \\ \nabla \end{pmatrix}. \tag{3.37}$$

Die Lorentz-skalare Eichfunktion χ kann dabei aufgrund der Eichinvarianz frei gewählt werden. Da χ ein Lorentz-Skalar ist, transformiert sich $\partial^\alpha \chi$ folglich wie ein Lorentz-Vektor.

Deshalb ist A^α unter LT kovariant und damit ein Lorentz-Tensor erster Stufe, sodass

$$A'^\alpha = \Lambda^\alpha{}_\beta A^\beta \tag{3.38}$$

gilt.

Da die neu formulierten Maxwell-Gleichungen aus (3.34) unter LT[62] nicht kovariant sind, bedarf es eines Lorentz-Tensors 2. Stufe, um die Maxwell-Gleichungen in kovarianter Form aufschreiben zu können.

---

[62]   Siehe dazu z.B. Unterabschnitt 7.2.1 aus (Schmüser, 2013).

Wir definieren die Komponenten des zweistufigen Tensors

$$F^{\alpha\beta} := \partial^\alpha A^\beta - \partial^\beta A^\alpha, \qquad (3.39)$$

den wir als Feldstärketensor bezeichnen.

In Matrixschreibweise hat dieser die Form

$$F^{\alpha\beta} = \begin{pmatrix} 0 & -E_x & -E_y & -E_z \\ E_x & 0 & -B_z & B_y \\ E_y & B_z & 0 & -B_x \\ E_z & -B_y & B_x & 0 \end{pmatrix}. \qquad (3.40)$$

Das Herunterziehen der Indizes liefert

$$F_{\alpha\beta} = \eta_{\alpha\gamma}\eta_{\beta\delta}F^{\gamma\delta} = \begin{pmatrix} 0 & E_x & E_y & E_z \\ -E_x & 0 & -B_z & B_y \\ -E_y & B_z & 0 & -B_x \\ -E_z & -B_y & B_x & 0 \end{pmatrix}. \qquad (3.41)$$

Da wegen (3.38) A^α und damit auch $\partial^\beta A^\alpha$ kovariant transformiert, ist folglich auch $F^{\alpha\beta}$ wegen (3.39) unter LT forminvariant, sodass

$$F'^{\alpha\beta} = \Lambda^\alpha{}_\gamma \Lambda^\beta{}_\delta F^{\gamma\delta} \qquad (3.42)$$

gilt.

Zusätzlich definieren wir die Komponenten des dualen Feldstärketensors

$$\tilde{F}^{\alpha\beta} := \frac{1}{2}\epsilon^{\alpha\beta\gamma\delta}F_{\gamma\delta}. \qquad (3.43)$$

Dabei ist das Levi-Civita-Symbol, nach Tullio Levi-Civita[63], gegeben durch

$$\epsilon^{\alpha\beta\gamma\delta} = \begin{cases} +1, & (\alpha,\beta,\gamma,\delta) = \text{gerade Permutation von } (0,1,2,3) \\ -1, & (\alpha,\beta,\gamma,\delta) = \text{ungerade Permutation von } (0,1,2,3). \\ 0, & \text{sonst} \end{cases} \qquad (3.44)$$

In Matrixschreibweise ergibt sich für (3.43)

$$\tilde{F}^{\alpha\beta} = \begin{pmatrix} 0 & -B_x & -B_y & -B_z \\ B_x & 0 & E_z & -E_y \\ B_y & -E_z & 0 & -E_x \\ B_z & E_y & -E_x & 0 \end{pmatrix}. \qquad (3.45)$$

---

[63]   [1873-1941]

Da wegen (3.42) die Komponenten $F^{\alpha\beta}$ forminvariant transformieren, gilt wegen (3.43) folglich auch

$$\tilde{F}'^{\alpha\beta} = \Lambda^\alpha{}_\gamma \Lambda^\beta{}_\delta \tilde{F}^{\gamma\delta}. \tag{3.46}$$

Nun können wir (3.31) mithilfe von (3.40), (3.45) und der 4-Stromdichte $j^\alpha = (c\rho, \boldsymbol{j})$ ausdrücken und erhalten

$$\partial_\alpha \tilde{F}^{\alpha\beta} = 0,$$

$$\partial_\beta F^{\alpha\beta} = j^\alpha, \quad j^\alpha = (\rho, \boldsymbol{j}). \tag{3.47}$$

Offensichtlich sind die Gleichungen aus (3.47) wegen (3.42), (3.46) und der partiellen Ableitung ∂_α auch kovariant, sodass wir mithilfe des Feldstärketensors einen Weg gefunden haben, die Kovarianz der Maxwell-Gleichungen unter LT zu erhalten.

Insgesamt halten wir fest, dass unter LT alle physikalischen Gesetze, insbesondere auch die Maxwell-Gleichungen, forminvariant bleiben. Es bedarf somit Lorentz-Tensorgleichungen, um die relativistische Invarianz physikalischer Gesetze bei Transformationen gewährleisten zu können.

4 Analogien I

In Kapitel 2 haben wir festgestellt, dass Elektrostatik und Newtons Gravitationstheorie formale Ähnlichkeiten aber auch Unterschiede aufweisen. Da das Ziel der ART eine Verallgemeinerung der Newton'schen Gravitationstheorie ist, erscheint es sinnvoll, sich dazu auch mit der Verallgemeinerung der Elektrostatik, der Elektrodynamik (ED), zu befassen. Aus einer Analogiebetrachtung könnten wir etwaige Schlüsse über die Struktur der aufzustellenden Gravitationstheorie ziehen. Im Folgenden betrachten wir daher zunächst die Verallgemeinerung der Elektrostatik zur relativistischen ED.

Da es sich bei der ED um eine dynamische Theorie handelt, müssen Ladungsdichte und elektrisches Potential um eine zusätzliche Zeitabhängigkeit erweitert werden, sodass wir diese als

$$\rho_e = \rho_e(r, t), \qquad \Phi_e = \Phi_e(r, t) \tag{4.1}$$

schreiben. Einsetzen von (4.1) in (2.8) liefert

$$\Delta\Phi_e(r, t) = -4\pi\rho_e(r, t). \tag{4.2}$$

Durch (4.2) wird ein sogenanntes Fernwirkungsgesetz beschrieben, wodurch eine Änderung von ρ_e an einem Ort eine sofortige Änderung von Φ_e an allen Orten impliziert.

Damit gewährleistet ist, dass sich diese Information nur mit c ausbreiten kann, muss zusätzlich der Laplace-Operator in (4.2) durch den d'Alembert-Operator

$$\Box := \frac{1}{c^2}\frac{\partial^2}{\partial t^2} - \Delta, \tag{4.3}$$

nach Jean-Baptiste le Rond, genannt D'Alembert[64], ersetzt werden. Da wir von unserer Theorie insbesondere die Lorentz-Invarianz fordern, müssen ρ_e und Φ_e für den Übergang in den Minkowski-Raum weiter verallgemeinert werden, sodass diese als 4-Vektoren

$$(j^\alpha) = (c\rho_e, \rho_e v), \qquad (A^\alpha) = (\Phi_e, A) \tag{4.4}$$

---

[64]   [1717-1783]

geschrieben werden müssen.[65] Mit v wird dabei die Relativgeschwindigkeit zwischen IS und IS' bezeichnet.

Das Einsetzen von (4.3) und (4.4) in (4.2) liefert schließlich die relativistische Verallgemeinerung

$$\square A^\alpha = j^\alpha \qquad (4.5)$$

der Feldgleichungen. Im statischen Fall reduziert sich die 0-Komponente von (4.5) auf (4.2). Dabei entspricht (4.5) gerade den Maxwell-Gleichungen, wobei die zugehörigen Eichbedingungen der Potentiale, $\partial_\alpha A^\alpha = 0$, und die relativistische Verallgemeinerung der Bewegungsgleichungen noch zu ergänzen sind.

Unter der Annahme, dass ED und Gravitationstheorie eine ähnliche mathematische Struktur aufweisen, könnte nun eine Verallgemeinerung von (2.6) analog zu (4.5) nach

$$\square B^\alpha = -4\pi G k^\alpha \qquad (4.6)$$

erfolgen. Dabei ergibt sich jedoch beim Versuch der Verallgemeinerung der Massendichte analog zur linken Gleichung aus (4.2) folgendes Problem: Da die Ladung q eines Teilchens unabhängig von der Bewegung des Teilchens ist, bedeutet dies formal, dass die Ladung ein Lorentz-Skalar ist. Daher transformiert sich die Ladungsdichte ρ_e wie die 0-Komponente eines Lorentz-Vektors, der Stromdichte j^α. Für ein Teilchen mit Ruhemasse m ist die bewegte Masse $m(v) = \gamma m$ wegen der Äquivalenz von Energie und Masse im Gegensatz zur Ladung q auch von der Geschwindigkeit des Teilchens abhängig.[66] Da die Energie selbst die 0-Komponente des 4-Impulses[67] ist, transformiert sich die Energie-Massendichte ρ im Gegensatz zu (4.5) folglich nicht wie die 0-Komponente eines 4-Vektors und damit auch nicht wie (4.6), sondern wie die 00-Komponente eines Lorentz-Tensors.

---

[65]   Zur Herleitung der Feldgleichungen durch LT aus den Gleichungen der Elektrostatik siehe Unterabschnitt 13.5.1 aus (Brandt und Dahmen, 2005).

[66]   Zur Herleitung siehe z.B. Kapitel 21 und 22 aus (Günther, 2013).

[67]   Der 4-Impuls hat die Form $(p^\alpha) = (\gamma mc, \gamma mv^i) = \left(\frac{E}{c}, p^i\right)$. Zur Herleitung siehe z.B. Kapitel 34 aus (Günther, 2013).

Diesen Lorentz-Tensor nennen wir Energie-Impuls-Tensor $T^{\alpha\beta}$[68], mit dessen Hilfe ρ aus (2.6) verallgemeinert als

$$\rho \rightarrow \rho \begin{pmatrix} c^2 & cv^i \\ cv^i & v^iv^j \end{pmatrix} \sim (T^{\alpha\beta}) \tag{4.7}$$

dargestellt werden kann. Da (4.6) somit offensichtlich der falsche Ansatz ist, muss nun analog zu (3.34) auch eine Verallgemeinerung des Gravitationspotentials Φ gefunden werden. Wir stellen weiterhin fest, dass die SRT zur Beschreibung einer allgemeinen Theorie wegen ihrer Beschränkung auf die Minkowski-Metrik $\eta_{\alpha\beta}$ nicht ausreicht[69] und deshalb eine Erweiterung der Metrik notwendig ist. Diese Verallgemeinerung nennen wir später metrischen Tensor[70].

Mit den gewonnenen Erkenntnissen ergäbe sich für die verallgemeinerten Feldgleichungen eine Struktur in Form der Tensorgleichung

$$\Delta\Phi = 4\pi G\rho \rightarrow \Box g^{\alpha\beta} \sim GT^{\alpha\beta}. \tag{4.8}$$

Da sich die 00-Komponente von $\Box g^{\alpha\beta} \sim GT^{\alpha\beta}$ im statischen Fall auf $\Delta\Phi = 4\pi G\rho$ reduzieren muss, ist G im weiteren Verlauf entsprechend dieser Bedingung zu bestimmen. Später werden wir feststellen, dass die Einstein'schen Feldgleichungen eine zu (4.8) ähnliche Form aufweisen.

Im Gegensatz zu elektromagnetischen Feldern, die keine Ladung tragen und damit auch nicht Quelle eines elektromagnetischen Feldes sein können, fungiert das Gravitationsfeld als Träger von Energie selbst als Quelle von Gravitationsfeldern. Dies ist ein wesentlicher Unterschied zwischen ED und Gravitationstheorie. Formal bedeutet dies, dass die zu erarbeitenden Feldgleichungen von nicht-linearer Struktur sein müssen und (4.8) damit nicht in Frage kommen kann. Es bedarf folglich einer genaueren Untersuchung der an die Feldgleichungen zu stellenden Bedingungen.

---

[68]   Näheres zum Energie-Impuls-Tensor findet sich in (Iskraut, 1942) und in Unterabschnitt 7.3.1 dieser Arbeit.

[69]   Eine ausführliche Behandlung der Inkompatibilität von SRT und Gravitation findet sich in Kapitel 7 aus (Misner, Thorne und Wheeler, 1973).

[70]   Der metrische Tensor $g_{\mu\nu}$ wird in Abschnitt 5.1 dieser Arbeit definiert.

5 Verallgemeinerung physikalischer Gesetze

5.1 Metrischer Tensor: Beschleunigte Bezugssysteme

Zugunsten einer allgemeinen Gravitationstheorie müssen wir uns im Folgenden zwangsläufig nicht nur mit IS sondern auch mit beschleunigten BS auseinandersetzen, um alle möglichen Betrachtungen in der Theorie zu vereinen. In Kapitel 3 haben wir festgestellt, dass weder der absolute Raum noch die absolute Zeit existieren und deshalb vom relativen Raum und der relativen Zeit gesprochen werden muss. Dennoch haben wir einen absolut[71] gültigen Abstandsbegriff für Ereignisse in der vierdimensionalen Raumzeit mit (3.9) definieren können. Da die in Kapitel 3 aufgestellten Gesetze der SRT lediglich in IS gelten, bedarf es im Hinblick auf eine Verallgemeinerung auf Nicht-IS einer Anpassung des metrischen Tensors. Beim Übergang von einem IS zu einem allgemeineren KS′, das in der Regel relativ zu IS beschleunigt ist, betrachten wir zunächst die SRT-Gesetze im IS ohne Gravitation und versuchen diese mithilfe einer allgemeinen Koordinatentransformation auf relativistische Gesetze in KS′ mit Gravitation zu verallgemeinern.

Im Folgenden wollen wir zunächst das Wegelement der SRT, $ds^2 = \eta_{\alpha\beta}dx^\alpha dx^\beta$, in einem beliebigen Koordinatensystem KS′ betrachten. Zur Transformation einer beliebigen Koordinate x^α aus IS in x'^ν in KS′ benötigen wir die allgemeine Koordinatentransformation

$$x^\alpha = x^\alpha(x') = x^\alpha(x'^0, x'^1, x'^2, x'^3), \tag{5.1}$$

$$\det J = \det\left(\frac{\partial x^\alpha}{\partial x'^\mu}\right) \neq 0,$$

die wir in das Wegelement (3.9) einsetzen.

---

[71] Der Begriff „absolut" meint hier die Invarianz gegenüber eines Koordinatenwechsels.

Wir erhalten dann

$$ds^2 = \eta_{\alpha\beta} dx^\alpha dx^\beta = \eta_{\alpha\beta} \frac{\partial x^\alpha}{\partial x'^\mu} dx'^\mu \frac{\partial x^\beta}{\partial x'^\nu} dx'^\nu$$

$$= \eta_{\alpha\beta} \frac{\partial x^\alpha}{\partial x'^\mu} \frac{\partial x^\beta}{\partial x'^\nu} dx'^\mu dx'^\nu$$

$$= g_{\mu\nu}(x') dx'^\mu dx'^\nu. \tag{5.2}$$

Dabei definieren wir

$$g_{\mu\nu}(x') := \eta_{\alpha\beta} \frac{\partial x^\alpha}{\partial x'^\mu} \frac{\partial x^\beta}{\partial x'^\nu} \tag{5.3}$$

als den metrischen Tensor in KS′. Der Tensor $g_{\mu\nu}(x') = g_{\mu\nu}$ heißt metrisch, weil wir durch ihn den verallgemeinerten Abstand ds zwischen zwei infinitesimal entfernten Ereignissen in KS′ bestimmen können. Die Komponenten von $g_{\mu\nu}$ sind zudem Funktionen der Koordinaten. Offenbar gilt für den metrischen Tensor aufgrund der Vertauschbarkeit der partiellen Ableitungen die Symmetrieeigenschaft

$$g_{\mu\nu} = g_{\nu\mu}. \tag{5.4}$$

Die 16 Komponenten von $g_{\mu\nu}$ reduzieren sich wegen (5.4) auf 10 unabhängige Komponenten. Statt des konstanten Minkowski-Tensors $\eta_{\alpha\beta}$ verwenden wir in Zukunft also den allgemeineren, koordinatenabhängigen metrischen Tensor $g_{\mu\nu}$. An dieser Stelle sei jedoch darauf hingewiesen, dass einer Koordinatenabhängigkeit des metrischen Tensors nicht zwangsläufig ein beschleunigtes BS zugrunde liegt. So ergibt sich etwa in der SRT bei der Verwendung von Kugelkoordinaten für das Wegelement

$$ds^2 = c^2 dt^2 - dr^2 - r^2 d\theta^2 - r^2 \sin^2(\theta) d\phi^2. \tag{5.5}$$

Der metrische Tensor geht also in Kugelkoordinaten in den metrischen Tensor der SRT

$$\left(g_{\mu\nu}\right)_{\text{SRT}} = \left(\eta_{\alpha\beta}\right) = \begin{pmatrix} 1 & 0 & 0 & 0 \\ 0 & -1 & 0 & 0 \\ 0 & 0 & -r^2 & 0 \\ 0 & 0 & 0 & -r^2\sin^2(\theta) \end{pmatrix} \tag{5.6}$$

über. Eine Koordinatenabhängigkeit des metrischen Tensors kann also aus der Betrachtung eines beschleunigten BS oder der Verwendung von nicht-kartesischen Koordinaten resultieren. Dabei wird deutlich, dass der metrische Tensor aufgrund der Symmetrieeigenschaft (5.4) nicht eindeutig festgelegt ist und deshalb seine Form durch Einführung anderer Koordinaten ändern kann. Diese Freiheit erlaubt es uns, den metrischen Tensor an unser jeweiliges Problem anzupassen.

Da das Einsetzen der Koordinatentransformation in ds^2 nur den Ausdruck und nicht die Bedeutung von ds ändert, kann auch das Eigenzeitintervall $d\tau$ einer in KS' ruhenden Uhr mit $dx' = dy' = dz' = 0$ und der KS'-Zeitkoordinate t' über $g_{\mu\nu}$ nach

$$d\tau = \left(\frac{ds}{c}\right)_{Uhr} = \sqrt{g_{00}}\, dt'. \qquad (5.7)$$

bestimmt werden.

Den Zusammenhang zwischen beschleunigten Bezugssystemen und Gravitation beschreibt Einstein auf Grundlage des Schwachen Äquivalenzprinzips in seinem sogenannten Starken Äquivalenzprinzip. Diese als Grundlage der ART geltenden Zusammenhänge möchten wir im Folgenden analysieren.

5.2   Starkes Äquivalenzprinzip

In Abschnitt 2.2 haben wir uns bereits mit der Äquivalenz von schwerer und träger Masse beschäftigt.[72] Die Äquivalenz von schwerer und träger Masse wird dabei als Schwaches Äquivalenzprinzip bezeichnet. Basierend auf diesem Schwachen Äquivalenzprinzip entwickelt Einstein folgendes Gedankenexperiment. Der Leser stelle sich einen Passagier in einer Fahrstuhlkabine in den Weiten des Universums vor. Der Passagier sei dabei vollkommen von der Außenwelt isoliert.

Da dieses Gedankenexperiment auf Einstein zurückgeht, wird die Fahrstuhlkabine auch Einstein-Box genannt. Wir müssen nun zwischen zwei Situationen unterscheiden. Im ersten Fall befinde sich die Box im Gravitationsfeld einer Massenverteilung in Ruhe. Die Box befände sich zum Beispiel auf der Erdoberfläche. Im zweiten Fall vollzöge die Box im Vakuum eine beschleunigte Bewegung nach oben[73]. In beiden Fällen wird der Passagier auf den Boden der Box gedrückt; im ersten Fall wegen des Gravitationsfeldes, das eine nach unten gerichtete

---

[72]   Näheres zur trägen und zur schweren Masse sowie weitere Informationen zum Äquivalenzprinzip finden sich in Kapitel 10 aus (Boblest, Müller und Wunner, 2016).

[73]   Mit „oben" meinen wir hier in positiver Richtung der z-Achse eines KS.

Kraft auf ihn ausübt, und im zweiten Fall wegen der beschleunigten Bewegung der Box nach oben. Wie kann der Passagier nun zwischen den beiden betrachteten Fällen unterscheiden? Die Antwort wird der Passagier niemals geben können, da er wegen des Schwachen Äquivalenzprinzips nicht zwischen schwerer und träger Masse und infolgedessen nicht zwischen einem Gravitationsfeld und einem beschleunigten Bezugssystem unterscheiden kann.

Einstein schlussfolgert aus diesem Gedankenexperiment, dass Gravitationskräfte äquivalent zu Trägheitskräften sein müssen. Zu beachten ist jedoch, dass diese Äquivalenz nur lokal in der Box aus der Sicht des Passagiers gelten kann, weil ein außenstehender Beobachter die Situation richtig einzuschätzen wüsste. Aus dieser Äquivalenz folgert Einstein weiter, dass Gravitationsfelder durch einen Übergang in ein beschleunigtes KS aufgehoben werden können.

Der Leser veranschauliche sich diesen Zusammenhang am Beispiel der frei fallenden Einstein-Box. In dieser Situation wird sich der in der Einstein-Box befindliche Passagier im Zustand der Schwerelosigkeit befinden. Im KS der frei fallenden Einstein-Box wirken auf den Passagier folglich keine Kräfte und damit insbesondere auch keine Gravitationskraft[74]. Ausgehend von dieser Erkenntnis postuliert Einstein das Starke Äquivalenzprinzip, demzufolge in einem frei fallenden KS alle physikalischen Prozesse wie bei Abwesenheit eines Gravitationsfeldes ablaufen. Die frei fallende Einstein-Box kann deshalb als ein sogenanntes Lokales Inertialsystem (LIS) angesehen werden. Wir schreiben LIS, weil die Einstein-Box aufgrund ihrer beschleunigten Bewegung im freien Fall kein IS sein kann. Lokalität bedeutet in diesem Zusammenhang die Betrachtung infinitesimal kleiner Raumzeitbereiche und wird gefordert, weil der Passagier nur im lokalen Umfeld der Einstein-Box nicht zwischen Gravitationsfeld und Beschleunigung unterscheiden kann. Befände er sich außerhalb der Box, so würde er die Anwesenheit eines Gravitationsfeldes feststellen und müsste bei der Beschreibung physikalischer Gesetze die Gravitation berücksichtigen. Das Einstein'sche Starke Äquivalenzprinzip lautet daher: Im Lokalen IS reduzieren sich die Gesetze mit Gravitation auf den Spezialfall der SRT ohne Gravitation.

---

[74]   Dieses Prinzip liegt beispielsweise auch dem Bremer Fallturm zugrunde. Weiterführende Informationen sowie Visualisierungen finden sich in (Lämmerzahl, ZARM, 2007).

Das zugrundeliegende Starke Äquivalenzprinzip bewirkt, dass Gravitation die Metrik der Raumzeit bestimmt und deshalb der metrische Tensor und damit auch das Wegelement koordinatenabhängig werden. Im LIS müssen die Gesetze der SRT jedoch erfüllt sein. Mathematisch bedeutet dies, dass die Raumzeit mit Gravitation im LIS minkowskisch wird. Dementsprechend muss auch der in der SRT verwendete Minkowski-Raum erweitert werden.

5.3   Riemann-Raum

Wir haben festgestellt, dass der Minkowski-Raum zur Beschreibung allgemeiner physikalischer Gesetze mit Gravitation nicht mehr ausreicht, weshalb wir an dieser Stelle zum sogenannten Riemann-Raum[75], nach Georg Friedrich Bernhard Riemann[76], übergehen müssen.

Zunächst betrachten wir die Koordinatentransformation für jeden Punkt P zwischen den Minkowski-Koordinaten ξ_P^α im LIS und den Koordinaten x^μ aus KS. Da wir uns im Folgenden immer auf die Umgebung eines Punktes P beziehen, schreiben wir $\xi_P^\alpha(x) = \xi^\alpha$. Aus (5.1)–(5.3) erhalten wir die Koordinatentransformation

$$\xi^\alpha = \xi^\alpha(x^0, x^1, x^2, x^3),$$

$$\det J = \det\left(\frac{\partial \xi^\alpha}{\partial x^\mu}\right) \neq 0, \tag{5.8}$$

das Wegelement

$$ds^2 = g_{\mu\nu}(x) dx^\mu dx^\nu \tag{5.9}$$

und den metrischen Tensor

$$g_{\mu\nu} = g_{\mu\nu}(x) = \eta_{\alpha\beta} \frac{\partial \xi^\alpha}{\partial x^\mu} \frac{\partial \xi^\beta}{\partial x^\nu}. \tag{5.10}$$

Aus (5.8) ergibt sich zudem die Bedingung

$$\det(g_{\mu\nu}) \neq 0. \tag{5.11}$$

---

[75]   Mathematische Grundlagen zum Riemann-Raum finden sich z.B. in Kapitel 2 aus (Schlichenmaier, 1989).

[76]   [1826-1866]

Wegen (5.11) muss es eine zu $\left(g_{\mu\nu}\right)$ inverse Matrix $(g^{\mu\nu})$ geben, für die analog zu (3.11)

$$g^{\mu\nu}g_{\nu\kappa} = \delta^{\mu}_{\kappa} \tag{5.12}$$

gilt. Damit ergibt sich für die kontravarianten Komponenten des metrischen Tensors

$$g^{\mu\nu} = \left(\eta_{\alpha\beta}\frac{\partial\xi^{\alpha}}{\partial x^{\mu}}\frac{\partial\xi^{\beta}}{\partial x^{\nu}}\right)^{-1}. \tag{5.13}$$

Zudem gilt

$$g^{\mu\kappa}g_{\kappa\rho}g^{\rho\nu} \overset{(5.12)}{=} g^{\mu\nu}. \tag{5.14}$$

Das Senken und Heben von Indizes im Riemann-Raum erfolgt damit über die $g_{\mu\nu}$ bzw. über die $g^{\mu\nu}$ analog zum Senken und Heben von Indizes im Minkowski-Raum mit $\eta_{\alpha\beta}$ bzw. mit $\eta^{\alpha\beta}$.

Ein Raum, dessen Metrik durch das Wegelement aus (5.9) festgelegt ist, wird als Riemann-Raum oder Riemann-Mannigfaltigkeit bezeichnet. Dabei sind die x^{μ} allgemeine krummlinige Koordinaten. Der Riemann-Raum beinhaltet den euklidischen Raum, den Minkowski-Raum sowie die Kugeloberfläche als Spezialfall. Formal gleicht der Riemann-Raum dem euklidischen $\mathbb{R}^{n}$. Weitere Eigenschaften des Riemann-Raums sind die Differenzierbarkeit und die Existenz eines Skalarprodukts.[77]

Um zwischen Minkowski- und Riemann-Raum zu unterscheiden, verwenden wir im Minkowski-Raum die Indizes $\alpha,\beta,\gamma,\delta,\ldots$ und im Riemann-Raum die Indizes $\kappa,\lambda,\mu,\nu,\ldots$.

An dieser Stelle ist zu bemerken, dass $g_{\mu\nu}$ im allgemeinen Fall nicht nur Gravitationskräfte, sondern, falls KS rotiert, auch Zentrifugal- und Corioliskräfte, nach Gaspard Gustave de Coriolis[78], beschreibt. Im Moment möchten wir diese noch vernachlässigen.

Analog zu den unter Lorentz-Transformation invarianten Tensorgleichungen der SRT lassen sich auch im Riemann-Raum Tensorgleichungen formulieren, die unter allgemeinen Koordinatentransformationen kovariant sind. Gleichungen dieser Art haben nach dem Starken Äquivalenzprinzip im LIS dieselbe Form wie in einem

---

[77]   Siehe dazu auch Abschnitt 14 aus (Fließbach, Allgemeine Relativitätstheorie, 2012a).
[78]   [1792-1843]

Gravitationsfeld in KS. Eine im LIS aufgestellte kovariante Gleichung kann folglich mithilfe einer Koordinatentransformation in KS betrachtet werden. Dadurch wird die Gleichung unter Berücksichtigung der Gravitation beschrieben. Es ist uns also gelungen auf Grundlage des Äquivalenzprinzips und der Verallgemeinerung der SRT relativistische Gesetze im Gravitationsfeld zu beschreiben. Noch unbekannt bleiben jedoch die Feldgleichungen, die den Zusammenhang zwischen den $g_{\mu\nu}(x)$ und deren Quellen beschreiben, weil es in der SRT keine entsprechenden Gleichungen gibt. Wie wir später feststellen werden, wird durch die $g_{\mu\nu}$ das verallgemeinerte Gravitationspotential beschrieben. Im folgenden Abschnitt möchten wir uns jedoch zunächst genauer mit der Bewegungsgleichung eines Teilchens im Riemann-Raum, und damit im Gravitationsfeld, beschäftigen.

5.4   Geodätengleichung I

Für ein Teilchen mit Ruhemasse m lautet die relativistische Verallgemeinerung des Newton'schen Kraftgesetzes

$$m \frac{d^2}{d\tau^2} x^\mu(\tau) = f^\mu. \tag{5.15}$$

Im LIS gelten die Gesetze der SRT und damit gilt für die Bewegung eines kräftefreien Massepunktes im Minkowski-Raum nach (5.15)

$$\frac{d^2}{d\tau^2} \xi^\alpha(\tau) = 0. \tag{5.16}$$

Es stellt sich nun die Frage, wie die entsprechenden Bewegungsgleichungen im Riemann-Raum aussehen.

Um dies herauszufinden, setzen wir die Koordinatentransformation (5.8) in (5.16) ein und erhalten

$$
\begin{aligned}
0 \quad &= \frac{d}{d\tau}\left(\frac{\partial \xi^\alpha}{\partial x^\mu}\frac{dx^\mu}{d\tau}\right) = \frac{d}{d\tau}\left(\frac{\partial \xi^\alpha}{\partial x^\mu}\right)\frac{dx^\mu}{d\tau} + \frac{d}{d\tau}\left(\frac{dx^\mu}{d\tau}\right)\frac{\partial \xi^\alpha}{\partial x^\mu} \\
&= \frac{\partial}{\partial x^\mu}\left(\frac{d}{d\tau}\xi^\alpha\right)\frac{dx^\mu}{d\tau} + \frac{d^2 x^\mu}{d\tau^2}\frac{\partial \xi^\alpha}{\partial x^\mu} \\
&= \frac{\partial}{\partial x^\mu}\frac{\partial \xi^\alpha}{\partial x^\nu}\frac{dx^\nu}{d\tau}\frac{dx^\mu}{d\tau} + \frac{d^2 x^\mu}{d\tau^2}\frac{\partial \xi^\alpha}{\partial x^\mu} \\
&= \frac{\partial^2 \xi^\alpha}{\partial x^\mu \partial x^\nu}\frac{dx^\nu}{d\tau}\frac{dx^\mu}{d\tau} + \frac{d^2 x^\mu}{d\tau^2}\frac{\partial \xi^\alpha}{\partial x^\mu} \\
&= \frac{\partial \xi^\alpha}{\partial x^\mu}\frac{d^2 x^\mu}{d\tau^2} + \frac{\partial^2 \xi^\alpha}{\partial x^\mu \partial x^\nu}\frac{dx^\mu}{d\tau}\frac{dx^\nu}{d\tau}.
\end{aligned}
\tag{5.17}
$$

Wir multiplizieren nun (5.17) mit $\frac{\partial x^\kappa}{\partial \xi^\alpha}$ und erhalten

$$
0 = \frac{\partial \xi^\alpha}{\partial x^\mu}\frac{\partial x^\kappa}{\partial \xi^\alpha}\frac{d^2 x^\mu}{d\tau^2} + \frac{\partial x^\kappa}{\partial \xi^\alpha}\frac{\partial^2 \xi^\alpha}{\partial x^\mu \partial x^\nu}\frac{dx^\mu}{d\tau}\frac{dx^\nu}{d\tau}.
\tag{5.18}
$$

Mithilfe von

$$\frac{d\xi^\alpha}{dx^\kappa} = \frac{\partial \xi^\alpha}{\partial x^\kappa}\frac{\partial x^\kappa}{\partial x^\mu} = \frac{\partial \xi^\alpha}{\partial x^\mu}$$

$$\Leftrightarrow \quad \frac{\partial \xi^\alpha}{\partial x^\mu}\frac{\partial x^\kappa}{\partial \xi^\alpha} = \frac{\partial \xi^\alpha}{\partial x^\kappa}\frac{\partial x^\kappa}{\partial x^\mu}\frac{\partial x^\kappa}{\partial \xi^\alpha} = \frac{\partial \xi^\alpha}{\partial x^\kappa}\delta_\mu^\kappa\frac{\partial x^\kappa}{\partial \xi^\alpha}$$

$$= \quad \frac{\partial \xi^\alpha}{\partial x^\kappa}\frac{\partial x^\mu}{\partial \xi^\alpha}$$

$$\Leftrightarrow \quad \frac{\partial \xi^\alpha}{\partial x^\mu}\frac{\partial x^\kappa}{\partial \xi^\alpha} - \frac{\partial \xi^\alpha}{\partial x^\kappa}\frac{\partial x^\mu}{\partial \xi^\alpha} = 0$$

$$\Rightarrow \quad \frac{\partial \xi^\alpha}{\partial x^\mu}\frac{\partial x^\kappa}{\partial \xi^\alpha} = \delta_\mu^\kappa \qquad\qquad (5.19)$$

resultieren aus (5.18) die Bewegungsgleichungen

$$0 = \delta_\mu^\kappa \frac{d^2 x^\mu}{d\tau^2} + \frac{\partial x^\kappa}{\partial \xi^\alpha}\frac{\partial^2 \xi^\alpha}{\partial x^\mu \partial x^\nu}\frac{dx^\mu}{d\tau}\frac{dx^\nu}{d\tau}$$

$$= \frac{d^2 x^\kappa}{d\tau^2} + \frac{\partial x^\kappa}{\partial \xi^\alpha}\frac{\partial^2 \xi^\alpha}{\partial x^\mu \partial x^\nu}\frac{dx^\mu}{d\tau}\frac{dx^\nu}{d\tau}$$

$$\Leftrightarrow \quad \frac{d^2 x^\kappa}{d\tau^2} = -\frac{\partial x^\kappa}{\partial \xi^\alpha}\frac{\partial^2 \xi^\alpha}{\partial x^\mu \partial x^\nu}\frac{dx^\mu}{d\tau}\frac{dx^\nu}{d\tau} \qquad (5.20)$$

im Gravitationsfeld. Wir definieren die Größe

$$\Gamma^\kappa_{\ \mu\nu} := \frac{\partial x^\kappa}{\partial \xi^\alpha}\frac{\partial^2 \xi^\alpha}{\partial x^\mu \partial x^\nu} \qquad\qquad (5.21)$$

und nennen sie Christoffel-Symbole[79], nach Elwin Bruno Christoffel[80]. Mit $\Gamma^\kappa_{\ \mu\nu}$ können wir (5.20) als

$$\frac{d^2 x^\kappa}{d\tau^2} = -\Gamma^\kappa_{\ \mu\nu}\frac{dx^\mu}{d\tau}\frac{dx^\nu}{d\tau} \qquad\qquad (5.22)$$

schreiben. Wir haben mit (5.22) die gesuchten Bewegungsgleichungen eines Teilchens in KS im Riemann-Raum in Form einer DGL zweiter Ordnung in $x^\kappa(\tau)$

---

[79]   Zur genaueren mathematischen Definition siehe z.B. Unterabschnitt 6.2.1 aus (Göbel, 2014).
[80]   [1829-1900]

gefunden. Diese Gleichung wird auch als Geodätengleichung[81] bezeichnet.

Multiplizieren wir (5.22) mit der Masse m so erhalten wir

$$m \frac{d^2 x^\kappa}{d\tau^2} = -m\Gamma^\kappa_{\ \mu\nu} \frac{dx^\mu}{d\tau} \frac{dx^\nu}{d\tau}. \tag{5.23}$$

Alternativ kann die Geodätengleichung auch aus dem Prinzip der kleinsten Wirkung hergeleitet werden.[82] Da wir (5.23) aber aus dem Äquivalenzprinzip hergeleitet haben, identifizieren wir die linke Seite von (5.23) als Trägheitskräfte und die rechte Seite als Gravitationskräfte. Mithilfe des Äquivalenzprinzips lässt sich demzufolge die Kopplung zwischen Gravitationsfeld und Materie beschreiben. Da die rechte Seite von (5.23) und damit auch die $\Gamma^\kappa_{\ \mu\nu}$ Gravitationskräfte beschreiben, wollen wir im nächsten Abschnitt die Christoffel-Symbole genauer untersuchen.

5.5   Christoffel-Symbole

Um die Christoffel-Symbole mit der Gravitation in Verbindung zu bringen, versuchen wir im Folgenden einen Ausdruck für $\Gamma^\kappa_{\ \mu\nu}$ in Abhängigkeit des metrischen Tensors $g_{\mu\nu}(x)$ zu finden. Dazu vergleichen wir (5.10) mit (5.21) und stellen fest, dass die Christoffel-Symbole über die ersten Ableitungen des metrischen Tensors auszudrücken sind.

---

[81]   Geodäten sind die kürzesten Verbindungen im betrachteten Raum. Im Gegensatz zum euklidischen Raum können Geodäten im Riemann-Raum auch gekrümmt sein. Zur genauen mathematischen Beschreibung siehe z.B. Kapitel 5 aus (Eschenburg und Jost, 2007).

[82]   Siehe dazu auch §9 aus (Einstein, 1916).

Wir betrachten daher die Kombination

$$\frac{\partial g_{\mu\nu}}{\partial x^\lambda} + \frac{\partial g_{\lambda\nu}}{\partial x^\mu} - \frac{\partial g_{\mu\lambda}}{\partial x^\nu} \quad \overset{(5.10)}{=} \quad \eta_{\alpha\beta} \frac{\partial}{\partial x^\lambda} \left(\frac{\partial \xi^\alpha}{\partial x^\mu} \frac{\partial \xi^\beta}{\partial x^\nu} \right)$$

$$+ \eta_{\alpha\beta} \frac{\partial}{\partial x^\mu} \left(\frac{\partial \xi^\alpha}{\partial x^\lambda} \frac{\partial \xi^\beta}{\partial x^\nu} \right)$$

$$- \eta_{\alpha\beta} \frac{\partial}{\partial x^\nu} \left(\frac{\partial \xi^\alpha}{\partial x^\mu} \frac{\partial \xi^\beta}{\partial x^\lambda} \right)$$

$$\overset{\text{Produktregel}}{=} \quad \eta_{\alpha\beta} \left[\frac{\partial^2 \xi^\alpha}{\partial x^\lambda \partial x^\mu} \frac{\partial \xi^\beta}{\partial x^\nu} \right]$$

$$\eta_{\alpha\beta} \left[\frac{\partial \xi^\alpha}{\partial x^\mu} \frac{\partial^2 \xi^\beta}{\partial x^\lambda \partial x^\nu} \right]$$

$$+ \eta_{\alpha\beta} \left[\frac{\partial^2 \xi^\alpha}{\partial x^\mu \partial x^\lambda} \frac{\partial \xi^\beta}{\partial x^\nu} \right]$$

$$+ \eta_{\alpha\beta} \left[\frac{\partial \xi^\alpha}{\partial x^\lambda} \frac{\partial^2 \xi^\beta}{\partial x^\mu \partial x^\nu} \right]$$

$$- \eta_{\alpha\beta} \left[\frac{\partial^2 \xi^\alpha}{\partial x^\nu \partial x^\mu} \frac{\partial \xi^\beta}{\partial x^\lambda} \right]$$

$$- \eta_{\alpha\beta} \left[\frac{\partial \xi^\alpha}{\partial x^\mu} \frac{\partial^2 \xi^\beta}{\partial x^\nu \partial x^\lambda} \right]$$

$$= \quad 2\eta_{\alpha\beta} \frac{\partial^2 \xi^\alpha}{\partial x^\lambda \partial x^\mu} \frac{\partial \xi^\beta}{\partial x^\nu}. \tag{5.24}$$

Durch Vertauschen der partiellen Ableitungen und Umbenennen der Summationsindizes α und β heben sich der zweite und der sechste sowie der vierte und der fünfte Term im vorletzten Schritt von (5.24) auf, sodass nur noch das Ergebnis als Summe des ersten und dritten Terms übrig bleibt.

Weiterhin betrachten wir den Ausdruck

$$g_{\nu\sigma}\Gamma^\sigma{}_{\mu\lambda} \;=\; \eta_{\alpha\beta}\,\frac{\partial\xi^\alpha}{\partial x^\nu}\frac{\partial\xi^\beta}{\partial x^\sigma}\frac{\partial x^\sigma}{\partial\xi^\gamma}\frac{\partial^2\xi^\gamma}{\partial x^\mu\partial x^\lambda}$$

$$\overset{(5.19)}{=}\; \eta_{\alpha\beta}\,\frac{\partial\xi^\alpha}{\partial x^\nu}\,\delta^\beta_\gamma\,\frac{\partial^2\xi^\gamma}{\partial x^\mu\partial x^\lambda}$$

$$=\; \eta_{\alpha\beta}\,\frac{\partial\xi^\alpha}{\partial x^\nu}\frac{\partial^2\xi^\beta}{\partial x^\mu\partial x^\lambda}$$

$$\overset{(5.24)}{=}\; \frac{1}{2}\left(\frac{\partial g_{\mu\nu}}{\partial x^\lambda}+\frac{\partial g_{\lambda\nu}}{\partial x^\mu}-\frac{\partial g_{\mu\lambda}}{\partial x^\nu}\right). \qquad\textbf{(5.25)}$$

Mithilfe von (5.12) können wir (5.25) nach den Christoffel-Symbolen auflösen und erhalten

$$g^{\kappa\nu}g_{\nu\sigma}\Gamma^\sigma{}_{\mu\lambda} \;=\; \frac{g^{\kappa\nu}}{2}\left(\frac{\partial g_{\mu\nu}}{\partial x^\lambda}+\frac{\partial g_{\lambda\nu}}{\partial x^\mu}-\frac{\partial g_{\mu\lambda}}{\partial x^\nu}\right)$$

$$\overset{(5.12)}{\Longleftrightarrow}\qquad \Gamma^\kappa{}_{\mu\lambda} \;=\; \frac{g^{\kappa\nu}}{2}\left(\frac{\partial g_{\mu\nu}}{\partial x^\lambda}+\frac{\partial g_{\lambda\nu}}{\partial x^\mu}-\frac{\partial g_{\mu\lambda}}{\partial x^\nu}\right). \qquad\textbf{(5.26)}$$

Wegen der Symmetrie des metrischen Tensors (5.9) sind auch die Christoffel-Symbole in den unteren beiden Indizes symmetrisch und es gilt

$$\Gamma^\rho{}_{\mu\lambda} = \Gamma^\rho{}_{\lambda\mu}. \qquad\textbf{(5.27)}$$

Mit (5.26) haben wir die Gravitationskräfte auf der rechten Seite von (5.23) auf Ableitungen des metrischen Tensors $g_{\mu\nu}$ zurückgeführt. In Analogie zu Abschnitt 3.2 entsprechen die $\Gamma^\lambda{}_{\mu\nu}$ damit den Feldstärken[83] $F^{\alpha\beta}$ und die $g_{\mu\nu}$ den Potentialen A^α. Damit beschreiben die $\Gamma^\lambda{}_{\mu\nu}$ die verallgemeinerte Gravitationsfeldstärke und die $g_{\mu\nu}$ das verallgemeinerte Gravitationspotential.

---

[83]   Genau genommen ist die Übereinstimmung der $\Gamma^\lambda{}_{\mu\nu}$ mit den Feldstärken $F^{\alpha\beta}$ wegen des zusätzlich auftretenden Terms $g^{\kappa\nu}$ in den $\Gamma^\lambda{}_{\mu\nu}$ nicht perfekt. In der Literatur wird diese Analogie jedoch wie hier dargestellt thematisiert.

Es bleibt jedoch zu zeigen, dass sich (5.23) im Grenzfall eines schwachen, statischen Feldes und kleiner Geschwindigkeiten auf die Newton'sche Bewegungsgleichung

$$m\frac{d^2x^i}{dt^2} = -m\frac{\partial\Phi}{\partial x^i} \tag{5.28}$$

reduziert.

Im Fall schwacher Felder schreiben wir

$$g_{\mu\nu} = \eta_{\mu\nu} + h_{\mu\nu}. \tag{5.29}$$

Schwache, statische Felder werden dabei durch die Einschränkung

$$|h_{\mu\nu}| = |g_{\mu\nu} - \eta_{\mu\nu}| \ll 1 \implies g_{\mu\nu} \approx \eta_{\mu\nu} \tag{5.30}$$

realisiert.

Offenbar gilt wegen $g_{\mu\nu} = g_{\nu\mu}$ und $\eta_{\mu\nu} = \eta_{\nu\mu}$ auch

$$h_{\mu\nu} = h_{\nu\mu}. \tag{5.31}$$

An dieser Stelle sei angemerkt, dass im Fall $g_{\mu\nu} = \eta_{\mu\nu}$ ein IS vorliegt. Kleine Geschwindigkeiten bedeuten $|v^i| = \left|\frac{dx^i}{dt}\right| \ll c$ und $t \approx \tau$, sodass

$$\left|\frac{dx^i}{d\tau}\right| \approx |v^i| \ll \left|\frac{dx^0}{d\tau}\right| \approx c \tag{5.32}$$

gilt.

Da die Terme in $\frac{dx^i}{d\tau}$ vernachlässigt werden, liefert das Einsetzen von (5.32) in

(5.22) mit $\kappa = i$

$$
\begin{aligned}
\frac{d^2 x^\kappa}{d\tau^2} &\approx \frac{d^2 x^i}{dt^2} \\
&= -\Gamma^i{}_{\mu\nu} \frac{dx^\mu}{d\tau} \frac{dx^\nu}{d\tau} \\
&\approx -\Gamma^i{}_{00} \frac{dx^0}{d\tau} \frac{dx^0}{d\tau} \\
&= -\Gamma^i{}_{00} \left(\frac{dx^0}{d\tau} \right)^2 \\
&\approx -\Gamma^i{}_{00} c^2.
\end{aligned}
\tag{5.33}
$$

Im folgenden Schritt müssen die $\Gamma^i{}_{00}$ nach (5.26) berechnet werden. Wir erhalten

$$
\begin{aligned}
\Gamma^i{}_{00} &= \frac{g^{i\nu}}{2} \left(\frac{\partial g_{0\nu}}{\partial x^0} + \frac{\partial g_{0\nu}}{\partial x^0} - \frac{\partial g_{00}}{\partial x^\nu} \right) = g^{i\nu} \frac{\partial g_{0\nu}}{\partial x^0} - \frac{g^{i\nu}}{2} \frac{\partial g_{00}}{\partial x^\nu} \\
&= g^{i0} \frac{\partial g_{00}}{\partial x^0} - \frac{g^{i0}}{2} \frac{\partial g_{00}}{\partial x^0} + g^{ik} \frac{\partial g_{0k}}{\partial x^0} - \frac{g^{ik}}{2} \frac{\partial g_{00}}{\partial x^k} \\
&= \frac{g^{i0}}{2} \frac{\partial g_{00}}{\partial x^0} + g^{ik} \frac{\partial g_{0k}}{\partial x^0} - \frac{g^{ik}}{2} \frac{\partial g_{00}}{\partial x^k} \\
&= -\frac{g^{ik}}{2} \frac{\partial}{\partial x^k} g_{00}.
\end{aligned}
\tag{5.34}
$$

Im letzten Schritt von (5.34) wird verwendet, dass im Fall statischer Felder die $g_{\mu\nu}$ zeitunabhängig sind und somit $\frac{\partial}{\partial x^0} g_{\mu\nu} = 0$ folgt.

Da $\eta_{\mu\nu}$ sogar konstant ist und damit $\frac{\partial}{\partial x^k} \eta_{\mu\nu} = \nabla_k \eta_{\mu\nu} = 0$ gilt, ergibt sich zudem

$$
\frac{\partial}{\partial x^k} g_{\mu\nu} = \frac{\partial}{\partial x^k} \eta_{\mu\nu} + \frac{\partial}{\partial x^k} h_{\mu\nu} = \frac{\partial}{\partial x^k} h_{\mu\nu}.
\tag{5.35}
$$

Im nächsten Schritt können wir nun (5.30) und (5.35) in (5.34) einsetzen und erhalten

$$\Gamma^i_{00} = -\frac{g^{ik}}{2}\frac{\partial}{\partial x^k}g_{00} \approx -\frac{\eta^{ik}}{2}\frac{\partial}{\partial x^k}h_{00} = \frac{1}{2}\nabla_i h_{00}. \tag{5.36}$$

Im letzten Schritt wurde $\eta^{ik} = -\delta^{ik}$ aus (3.10) verwendet. Damit können wir (5.36) in (5.33) einsetzen und erhalten

$$\frac{d^2 x^i}{dt^2} = -\frac{c^2}{2}\nabla_i h_{00}. \tag{5.37}$$

Vergleichen wir nun (5.37) mit der Newton'schen Bewegungsgleichung aus (2.4), ergibt sich

$$-\nabla_i \Phi = \frac{d^2 x^i}{dt^2} = -\frac{c^2}{2}\nabla_i h_{00}. \tag{5.38}$$

Mithilfe einer Integration resultiert aus (5.38) die Gleichung

$$\frac{c^2}{2}h_{00} + C = \Phi \Leftrightarrow h_{00} = \frac{2\Phi}{c^2} - \frac{2C}{c^2} \Leftrightarrow h_{00} = \frac{2\Phi}{c^2}. \tag{5.39}$$

Durch die Wahl eines geeigneten Koordinatensystems wird die in (5.39) auftretende Integrationskonstante $C = 0$ festgelegt.

Wenn wir (5.39) in (5.38) einsetzen, erhalten wir folglich den Newton'schen Grenzfall. Durch Einsetzen von (5.39) in (5.29) resultiert zudem die 00-Komponente des metrischen Tensors $g_{\mu\nu}$ mit

$$g_{00}(r) = \eta_{00} + h_{00}(r) = 1 + \frac{2\Phi(r)}{c^2}, \qquad \left|\frac{2\Phi(r)}{c^2}\right| \ll 1. \tag{5.40}$$

Da die Newton'sche Gravitationstheorie lediglich durch eine Gleichung beschrieben wird, können wir auch nur eine Komponente des metrischen Tensors durch den Vergleich von Newtons Theorie mit Einsteins Theorie bestimmen. Aus (5.40) können wir ablesen, dass $\left|\frac{2\Phi(r)}{c^2}\right|$ physikalisch die Stärke des Gravitationspotentials und mathematisch die Abweichung von der Minkowski-Metrik bestimmt. Im nächsten Schritt müssen nun die restlichen Komponenten des metrischen Tensors $g_{\mu\nu}$ bestimmt werden.

5.6   Krümmung der Raumzeit

Ein wesentlicher Unterschied zwischen dem Minkowski-Raum und dem Riemann-Raum ist in ihrer geometrischen Struktur zu finden. So ist der Minkowski-Raum ähnlich wie ein vierdimensionaler euklidischer Raum aufgebaut und deshalb eine flache Riemann'sche Mannigfaltigkeit[84]. Durch die koordinatenabhängigen $g_{\mu\nu}$ ist der Riemann-Raum eine allgemeine Riemann'sche Mannigfaltigkeit und deswegen insbesondere gekrümmt. Eine Krümmung des Raums, bei der sich die Metrik wie beim Übergang vom Minkowski-Raum in den Riemann-Raum ändert, wird auch als innere oder intrinsische Krümmung bezeichnet. Daneben spricht man von der sogenannten äußeren oder extrinsischen Krümmung, wenn sich durch die Krümmung die Metrik nicht ändert. Eine äußere Krümmung liegt beispielsweise vor, wenn wir ein rechteckiges Blatt Papier, das die flache euklidische Metrik symbolisieren soll, zu einem Zylinder zusammenrollen. Offenbar hat eine auf dem Blatt gezeichnete Strecke auch nach dem Zusammenrollen dieselbe Länge wie zuvor. Die Metrik hat sich folglich nicht geändert, sodass in diesem Beispiel eine äußere Krümmung vorliegt. Eine glatte Kugeloberfläche können wir jedoch niemals aus einem rechteckigen Blatt Papier falten oder rollen. Insbesondere ändern sich auch die Abstände, wenn wir zwei Punkte auf dem Blatt und auf der Kugeloberfläche miteinander vergleichen. Um vom Blatt zur Kugeloberfläche zu gelangen, bedarf es folglich einer inneren Krümmung, die die Metrik verändert. Wenn wir im Folgenden von Krümmung sprechen, meinen wir stets die innere Krümmung.

Wie kann nun festgestellt werden, ob der Raum flach oder gekrümmt ist? Zur Beantwortung dieser Frage betrachten wir zunächst die Geodätengleichung aus (5.23). Die durch (5.23) beschriebenen Bahnkurven im Riemann-Raum werden dabei auch als geodätische Linien oder Geodäten bezeichnet. Diese Geodäten wiederum entsprechen der kürzesten Verbindung zweier Punkte im Riemann-Raum. Betrachten wir eine kleine Umgebung eines Punktes P mit Koordinaten x^{κ}, so gilt im LIS

$$x^{\kappa} \approx \xi^{\alpha}. \tag{5.41}$$

Mit (5.41) können wir die Näherung

$$g_{\mu\nu}(x) \approx g_{\mu\nu}(\xi^\alpha) = \eta_{\alpha\beta} \qquad (5.42)$$

verwenden.

Setzen wir nun (5.42) in (5.26) ein, erhalten wir

$$\begin{aligned}
\Gamma^\kappa{}_{\mu\lambda} &= \frac{g^{\kappa\nu}}{2} \left(\frac{\partial g_{\mu\nu}}{\partial x^\lambda} + \frac{\partial g_{\lambda\nu}}{\partial x^\mu} - \frac{\partial g_{\mu\lambda}}{\partial x^\nu} \right) \\
&\approx \frac{\eta^{\kappa\nu}}{2} \left(\frac{\partial \eta_{\mu\nu}}{\partial x^\lambda} + \frac{\partial \eta_{\lambda\nu}}{\partial x^\mu} - \frac{\partial \eta_{\mu\lambda}}{\partial x^\nu} \right) \\
&= 0. \qquad\qquad\qquad\qquad\qquad (5.43)
\end{aligned}$$

Die letzte Gleichheit aus (5.43) folgt aus der Koordinatenunabhängigkeit von $\eta_{\alpha\beta}$.

Mit (5.41)–(5.43) reduziert sich die Geodätengleichung (5.23) auf

$$\frac{d^2\xi^\alpha}{d\tau^2} = 0 \iff \xi^\alpha(\tau) = \xi_0^\alpha + \dot{\xi}_0^\alpha \tau. \qquad (5.44)$$

Insbesondere wird durch (5.44) eine Gerade beschrieben, sodass die Geodätengleichung (5.23) lokal zur Geradengleichung (5.44) wird. Geodäten im euklidischen Raum sind Geraden, weil in der euklidischen Metrik eine Gerade die kürzeste Verbindung zwischen zwei Punkten im Raum ist. In allgemeinen Riemann-Räumen sind Geodäten als Fortsetzung dieser lokalen Geraden jedoch krummlinig. Wenn wir uns an die Definition des metrischen Tensors erinnern, so stellen wir fest, dass (5.10) von (5.8) und (5.8) wiederum von der relativen Beschleunigung zwischen KS und LIS abhängig ist. Da die Transformation (5.8) nur für einen bestimmten Punkt P gültig ist, sind Transformationen von Punkt zu Punkt unterschiedlich. Daher kann es keine globale Transformation von KS zu LIS geben. Transformationen von KS zu LIS sind somit nur lokal und damit nur in einer kleinen Umgebung des Punktes P möglich.

Diese Erkenntnis können wir zusammenfassend festhalten: Genau dann, wenn wir eine Transformation finden, die zu kartesischen Koordinaten führt, ist der Raum euklidisch und damit flach. Kehren wird diese Aussage um, so stellen wir fest, dass wir im gekrümmten Raum niemals eine Transformation finden können, die zu kartesischen Koordinaten führt. Eine hinreichende Bedingung über die Krümmung des Raums lässt sich demnach wie folgt formulieren: Wenn der Raum gekrümmt ist, ist der metrische Tensor $g_{\mu\nu}(x)$ koordinatenabhängig. Die Umkehrung gilt dabei nach Abschnitt 5.1 und (5.6) nicht.

Verknüpft man nun die physikalische Interpretation der durch Gravitationsfelder festgelegten $g_{\mu\nu}(x)$ mit deren mathematischer Bedeutung als Indikator für gekrümmte Räume, so ergibt sich als Schlussfolgerung: Gravitationsfelder krümmen die Raumzeit. Da Massen als Quellen von Gravitationsfeldern fungieren, lässt sich dies weiter spezifizieren: Massen verursachen eine Krümmung der Raumzeit.

Um diesen Zusammenhang quantitativ beschreiben zu können, bedarf es jedoch der Feldgleichungen der $g_{\mu\nu}$, die es im weiteren Verlauf aufzustellen gilt. Dazu benötigen wir weiterführende mathematische Konstrukte, die im folgenden Kapitel eingeführt werden.

6 Mathematische Voraussetzungen

6.1 Allgemeine Koordinatentransformation

In Anschluss an die Galilei- und die Lorentz-Transformation möchten wir im Folgenden allgemeine Koordinatentransformationen im Riemann-Raum betrachten.[85] Diese haben die Form

$$x'^i = x'^i(x^1, \dots, x^N) \tag{6.1}$$

mit der Umkehrtransformation

$$x^i = x^i(x'^1, \dots, x'^N). \tag{6.2}$$

Aus (6.1) und (6.2) ergeben sich die Differentiale

$$dx'^i = \frac{\partial x'^i}{\partial x^k} dx^k = \alpha^i{}_k(x) dx^k, \tag{6.3}$$

$$dx^i = \frac{\partial x^i}{\partial x'^k} dx'^k = \bar{\alpha}^i{}_k(x') dx'^k. \tag{6.4}$$

In (6.3) und (6.4) wurden die koordinatenabhängigen Transformations-Matrizen α und $\bar{\alpha}$ nach

$$\alpha^i{}_k(x) := \frac{\partial x'^i}{\partial x^k}, \qquad \bar{\alpha}^i{}_k(x') := \frac{\partial x^i}{\partial x'^k} \tag{6.5}$$

definiert.
Aus der Kettenregel ergibt sich

$$\frac{\partial x'^i}{\partial x^k} \frac{\partial x^k}{\partial x'^m} = \frac{\partial x^i}{\partial x'^k} \frac{\partial x'^k}{\partial x^m} = \delta^i_m. \tag{6.6}$$

Mit (6.5) und (6.6) erhalten wir

$$\alpha^i{}_k \bar{\alpha}^k{}_m = \bar{\alpha}^i{}_k \alpha^k{}_m = \delta^i_m. \tag{6.7}$$

Wir möchten nun das Wegelement (5.9) durch die neuen Koordinaten x'^i ausdrücken. Dazu setzen wir die Transformation (6.4) in (5.9) ein, woraus

$$ds^2 = g_{ik} dx^i dx^k = g_{ik} \bar{\alpha}^i{}_p \bar{\alpha}^k{}_m dx'^p dx'^m = g'_{pm} dx'^p dx'^m \tag{6.8}$$

resultiert.

---

[85] Wir orientieren uns dazu an Kapitel IV aus (Fließbach, 2012a). In diesem Kapitel verwenden wir lateinische Indizes, obwohl wir uns im Riemann-Raum befinden.

Im letzten Schritt von (6.8) wurde der metrische Tensor mit

$$g'_{pm} = \bar{\alpha}^i{}_p \bar{\alpha}^k{}_m g_{ik} \tag{6.9}$$

transformiert. Unter Anwendung der Umkehrtransformation erhalten wir

$$g_{ik} = \alpha^p{}_i \alpha^m{}_k g'_{pm}. \tag{6.10}$$

Wir entnehmen (6.9) und (6.10), dass das Transformationsverhalten des metrischen Tensors dem eines Tensors zweiter Stufe entspricht, weil er sich bezüglich jedes Index wie ein Vektor transformiert. Die Namensgebung des metrischen Tensors ist somit gerechtfertigt. Aus (6.8) können wir ablesen, dass das Wegelement unter der allgemeinen Transformation (6.1) kovariant ist. Dies entspricht einer Umbenennung der Koordinaten unter Beibehaltung der Abstände zwischen den Punkten.

Wir erinnern uns an dieser Stelle noch einmal aller bisher betrachteten Metriken. Diese lauten

$$ds^2 = \delta_{ik} dx^i dx^k \qquad = dx^2 + dy^2 + dz^2$$

$$ds^2 = \eta_{\alpha\beta} dx^\alpha dx^\beta \qquad = c^2 dt^2 - dx^2 - dy^2 - dz^2$$

$$ds^2 = g_{\mu\nu}(x) dx^\mu dx^\nu \overset{86}{=} R^2(d\theta^2 + sin^2\theta d\phi^2). \tag{6.11}$$

Die Transformationen, die das Wegelement invariant lassen, sind im euklidischen Raum orthogonale Transformationen, im Minkowski-Raum LT und im Riemann-Raum allgemeine Koordinatentransformationen.

Die Koordinatendifferentiale werden über

$$dx'^i = \delta^i{}_k dx^k$$

$$dx'^\alpha = \Lambda^\alpha{}_\beta dx^\beta$$

$$dx'^\mu = \alpha^\mu{}_\nu(x) dx^\nu \tag{6.12}$$

transformiert. Die aus der SRT bekannten Rechenregeln für Tensoren gelten bis auf die Differentiation auch im Riemann-Raum.[87] Tensorgleichungen im Riemann-Raum sind damit unter allgemeinen Koordinatentransformationen invariant, ebenso wie Tensorgleichungen im Minkowski-Raum unter LT invariant sind. Diese allgemeinen Tensorgleichungen werden im Grenzfall des LIS in die bekannten

---

[86]   Exemplarisch   werden   Kugelkoordinaten   verwendet.   In   diesem   Fall   ist
$ds^2 = R^2(d\theta^2 + sin^2\theta d\phi^2)$ das Wegelement einer zweidimensionalen Kugeloberfläche.

[87]   Siehe dazu z.B. Abschnitt 14 aus (Fließbach, 2012a).

Tensorgleichungen des Minkowski-Raums übergehen, weil sie dieselbe Struktur haben. Da jedoch die partielle Ableitung eines Tensorfelds im Riemann-Raum allgemein kein Tensorfeld mehr ist, möchten wir im folgenden Abschnitt die verallgemeinerte Differentiation, die auch kovariante Ableitung genannt wird, betrachten.

6.2   Verallgemeinertes Differenzieren

6.2.1   Kovariante Ableitung

Ziel dieses Abschnitts ist es eine kovariante Ableitung zu finden, die, angewandt auf ein allgemeines Riemann'sches Tensorfeld, wieder ein um eine Stufe höheres Riemann'sches Tensorfeld erzeugt. Gleichzeitig muss sich die kovariante Ableitung im euklidischen Raum oder im Minkowski-Raum auf die partielle Ableitung reduzieren.

Zunächst wollen wir jedoch analysieren, wie sich die aus (5.21) bekannten Christoffel-Symbole transformieren.

Dazu setzen wir in $\Gamma'^i{}_{kp}$, das in den Koordinaten x'^k formuliert ist, eine Transformation zu anderen Koordinaten x^m ein und erhalten

$$\Gamma'^i{}_{kp} = \frac{\partial x'^i}{\partial \xi^q} \frac{\partial^2 \xi^q}{\partial x'^k \partial x'^p} = \frac{\partial x'^i}{\partial \xi^q} \frac{\partial}{\partial x'^k} \frac{\partial \xi^q}{\partial x'^p}$$

$$= \frac{\partial x'^i}{\partial x^m} \frac{\partial x^m}{\partial \xi^q} \frac{\partial}{\partial x'^k} \left(\frac{\partial \xi^q}{\partial x^s} \frac{\partial x^s}{\partial x'^p} \right)$$

$$= \frac{\partial x'^i}{\partial x^m} \frac{\partial x^m}{\partial \xi^q} \left[\left(\frac{\partial}{\partial x'^k} \frac{\partial \xi^q}{\partial x^s} \right) \frac{\partial x^s}{\partial x'^p} + \frac{\partial \xi^q}{\partial x^s} \left(\frac{\partial}{\partial x'^k} \frac{\partial x^s}{\partial x'^p} \right) \right]$$

$$= \frac{\partial x'^i}{\partial x^m} \frac{\partial x^m}{\partial \xi^q} \left[\left(\frac{\partial}{\partial x^s} \frac{\partial \xi^q}{\partial x^r} \frac{\partial x^r}{\partial x'^k} \right) \frac{\partial x^s}{\partial x'^p} + \frac{\partial \xi^q}{\partial x^s} \frac{\partial^2 x^s}{\partial x'^k \partial x'^p} \right]$$

$$= \frac{\partial x'^i}{\partial x^m} \frac{\partial x^r}{\partial x'^k} \frac{\partial x^s}{\partial x'^p} \frac{\partial x^m}{\partial \xi^q} \frac{\partial^2 \xi^q}{\partial x^s \partial x^r} + \frac{\partial x'^i}{\partial x^m} \frac{\partial x^m}{\partial \xi^q} \frac{\partial \xi^q}{\partial x^s} \frac{\partial^2 x^s}{\partial x'^k \partial x'^p}$$

$$= \frac{\partial x'^i}{\partial x^m} \frac{\partial x^r}{\partial x'^k} \frac{\partial x^s}{\partial x'^p} \frac{\partial x^m}{\partial \xi^q} \frac{\partial^2 \xi^q}{\partial x^s \partial x^r} + \frac{\partial x'^i}{\partial x^m} \delta^m_s \frac{\partial^2 x^s}{\partial x'^k \partial x'^p}$$

$$= \frac{\partial x'^i}{\partial x^m} \frac{\partial x^r}{\partial x'^k} \frac{\partial x^s}{\partial x'^p} \Gamma^m{}_{rs} + \frac{\partial x'^i}{\partial x^m} \frac{\partial^2 x^m}{\partial x'^k \partial x'^p}. \tag{6.13}$$

Von der zweiten zur dritten Zeile muss beim partiellen Ableiten $\frac{\partial}{\partial x'^k}$ die Koordinatenabhängigkeit von $\xi^q(x^r)$ berücksichtigt und damit die Kettenregel angewandt werden.

Wir setzen nun (6.3) und (6.4) in (6.13) ein und erhalten

$$\Gamma'^i{}_{kp} = \alpha^i{}_m \bar{\alpha}^r{}_k \bar{\alpha}^s{}_p \Gamma^m{}_{rs} + \alpha^i{}_m \frac{\partial}{\partial x'^p} \bar{\alpha}^m{}_k. \tag{6.14}$$

Aus (6.14) können wir ablesen, dass der Term $\alpha^i{}_m \frac{\partial \bar{\alpha}^m{}_k}{\partial x'^p}$ wegen der Koordinatenabhängigkeit der Transformationsmatrix das für Tensoren geforderte Transformationsverhalten zerstört. In der Konsequenz sind die Christoffel-Symbole damit keine Tensoren, da sie sich nicht analog zu (6.9) transformieren.

Es sei A^i ein Tensorfeld erster Stufe mit dem Transformationsverhalten $A'^i = \alpha^i{}_j A^j$. Wir wollen nun das Transformationsverhalten von $\frac{\partial}{\partial x^k} A^i$ und von $\Gamma^i{}_{kp} A^p$ untersuchen.

Es ergeben sich

$$\frac{\partial A'^i}{\partial x'^k} = \frac{\partial}{\partial x'^k}\left(\alpha^i{}_m A^m\right) = \left(\frac{\partial}{\partial x'^k}\alpha^i{}_m\right)A^m + \alpha^i{}_m\frac{\partial}{\partial x'^k}A^m$$

$$= \frac{\partial \alpha^i{}_m}{\partial x'^k}A^m + \alpha^i{}_m\frac{\partial A^m}{\partial x^r}\frac{\partial x^r}{\partial x'^k} = \alpha^i{}_m\frac{\partial A^m}{\partial x^r}\bar{\alpha}^r{}_k + \frac{\partial \alpha^i{}_m}{\partial x'^k}A^m$$

$$= \alpha^i{}_m\bar{\alpha}^r{}_k\frac{\partial A^m}{\partial x^r} + \frac{\partial \alpha^i{}_m}{\partial x'^k}A^m \tag{6.15}$$

und

$$\Gamma'^i{}_{kp}A'^p \overset{(6.9),(6.13)}{=} \alpha^i{}_m\bar{\alpha}^r{}_k\bar{\alpha}^s{}_p\Gamma^m{}_{rs}\alpha^p{}_n A^n$$

$$+\alpha^i{}_m\frac{\partial}{\partial x'^p}\bar{\alpha}^m{}_k\alpha^p{}_n A^n$$

$$= \alpha^i{}_m\bar{\alpha}^r{}_k\bar{\alpha}^s{}_p\alpha^p{}_n\Gamma^m{}_{rs}A^n$$

$$+\alpha^i{}_m\alpha^p{}_n\frac{\partial}{\partial x'^p}\bar{\alpha}^m{}_k A^n$$

$$\overset{(6.7),(6.5)}{=} \alpha^i{}_m\bar{\alpha}^r{}_k\Gamma^m{}_{rn}A^n + \alpha^i{}_m\alpha^p{}_n\frac{\partial}{\partial x'^p}\frac{\partial x^m}{\partial x'^k}A^n$$

$$= \alpha^i{}_m\bar{\alpha}^r{}_k\Gamma^m{}_{rn}A^n + \alpha^i{}_m\alpha^p{}_n\frac{\partial}{\partial x'^k}\frac{\partial x^m}{\partial x'^p}A^n$$

$$\overset{(6.5)}{=} \alpha^i{}_m\bar{\alpha}^r{}_k\Gamma^m{}_{rn}A^n + \alpha^i{}_m\alpha^p{}_n\frac{\partial}{\partial x'^k}\bar{\alpha}^m{}_p A^n. \tag{6.16}$$

Wegen (6.7) gilt

$$\frac{\partial}{\partial x'^k}\left(\bar{\alpha}^m{}_p \alpha^i{}_m\right) = 0$$

$$\Leftrightarrow \qquad \alpha^i{}_m \frac{\partial}{\partial x'^k}\bar{\alpha}^m{}_p = -\bar{\alpha}^m{}_p \frac{\partial}{\partial x'^k}\alpha^i{}_m. \tag{6.17}$$

Wir multiplizieren nun (6.17) mit $\alpha^p{}_n$ und erhalten

$$\alpha^i{}_m \alpha^p{}_n \frac{\partial}{\partial x'^k}\bar{\alpha}^m{}_p = -\bar{\alpha}^m{}_p \alpha^p{}_n \frac{\partial}{\partial x'^k}\alpha^i{}_m. \tag{6.18}$$

Nun können wir (6.18) in (6.16) einsetzen, sodass sich

$$
\begin{aligned}
\Gamma'^i{}_{kp}A'^p &= \alpha^i{}_m \bar{\alpha}^r{}_k \Gamma^m{}_{rn}A^n - \bar{\alpha}^m{}_p \alpha^p{}_n \frac{\partial}{\partial x'^k}\alpha^i{}_m A^n \\[2mm]
&\overset{(6.7)}{=} \alpha^i{}_m \bar{\alpha}^r{}_k \Gamma^m{}_{rn}A^n - \frac{\partial}{\partial x'^k}\alpha^i{}_m A^m
\end{aligned}
\tag{6.19}
$$

ergibt.

Die Addition von (6.15) und (6.19) liefert dann

$$
\begin{aligned}
\frac{\partial A'^i}{\partial x'^k} + \Gamma'^i{}_{kp}A'^p &= \alpha^i{}_m \bar{\alpha}^r{}_k \frac{\partial A^m}{\partial x^r} + \frac{\partial}{\partial x'^k}\alpha^i{}_m A^m \\[2mm]
&\quad + \alpha^i{}_m \bar{\alpha}^r{}_k \Gamma^m{}_{rn}A^n - \frac{\partial}{\partial x'^k}\alpha^i{}_m A^m \\[2mm]
&= \alpha^i{}_m \bar{\alpha}^r{}_k \frac{\partial A^m}{\partial x^r} + \alpha^i{}_m \bar{\alpha}^r{}_k \Gamma^m{}_{rn}A^n \\[2mm]
&= \alpha^i{}_m \bar{\alpha}^r{}_k \left(\frac{\partial A^m}{\partial x^r} + \Gamma^m{}_{rn}A^n\right).
\end{aligned}
\tag{6.20}
$$

Aus (6.20) erkennen wir, dass sich die Summe $\frac{\partial A^i}{\partial x^k} + \Gamma^i{}_{kp}A^p$ wie ein Tensor analog zu (6.9) transformiert und damit ein Tensor zweiter Stufe ist. Wir haben also mit (6.20) die kovariante Ableitung[88] gefunden.

---

[88]   Für einen allgemeinen mathematischen Überblick und die Herleitung siehe z.B. Kapitel 4 aus (Lee, 1997).

Wir möchten an dieser Stelle eine neue Notation einführen und schreiben deshalb in Zukunft für partielle Ableitungen

$$A^i_{,k} := \frac{\partial A^i}{\partial x^k} \qquad (6.21)$$

und für kovariante Ableitungen

$$A^i_{;k} := A^i_{,k} + \Gamma^i_{kp} A^p. \qquad (6.22)$$

Mit unserer neuen Schreibweise wird (6.20) zu

$$A'^i_{;k} = \alpha^i_p \bar{\alpha}^m_k A^p_{;m}. \qquad (6.23)$$

Analog zu (6.22) lautet die kontravariante Ableitung

$$A_{i;k} := A_{i,k} - \Gamma^p_{ik} A_p. \qquad (6.24)$$

Um die kovariante Ableitung des metrischen Tensors $g_{\mu\nu}$ betrachten zu können, müssen wir zunächst die kovariante Ableitung eines Tensors zweiter Stufe bestimmen. Für einen allgemeinen Tensor zweiter Stufe gehen wir ohne Beschränkung der Allgemeinheit[89] von der Form

$$T_{ik} = A_i B_k \qquad (6.25)$$

aus.

Wir erwarten von der kovarianten Ableitung, dass sie die verallgemeinerte Produktregel erfüllt, sodass für die kovariante Ableitung von (6.25) der Zusammenhang

$$T_{ik;p} = (A_i B_k)_{;p} := A_{i;p} B_k + A_i B_{k;p} \qquad (6.26)$$

gilt.

---

[89] Wir erinnern uns an dieser Stelle, dass sich ein Tensor zweiter Stufe wie ein Vektor komponentenweise transformiert.

Mithilfe von (6.22) können wir die rechte Seite von (6.26) weiter auswerten und erhalten somit

$$T_{ik;p} \quad = \quad A_{i;p}B_k + A_i B_{k;p}$$

$$\overset{(6.24)}{=} \quad \left(A_{i,p} - \Gamma^m{}_{ip} A_m \right) B_k + A_i \left(B_{k,p} - \Gamma^m{}_{kp} B_m \right)$$

$$= \quad A_{i,p}B_k - \Gamma^m{}_{ip} A_m B_k + A_i B_{k,p} - \Gamma^m{}_{kp} A_i B_m$$

$$= \quad A_{i,p}B_k + A_i B_{k,p} - \Gamma^m{}_{ip} A_m B_k - \Gamma^m{}_{kp} A_i B_m$$

$$\overset{\text{Produktregel}}{=} \quad (A_i B_k)_{,p} - \Gamma^m{}_{ip} A_m B_k - \Gamma^m{}_{kp} A_i B_m$$

$$\overset{(6.25)}{=} \quad T_{ik,p} - \Gamma^m{}_{ip} T_{mk} - \Gamma^m{}_{kp} T_{im}. \tag{6.27}$$

Entsprechend folgt nach (6.22) und (6.24) für

$$T^{ik}{}_{;p} = T^{ik}{}_{,p} + \Gamma^i{}_{pm} T^{mk} + \Gamma^k{}_{pm} T^{im}, \tag{6.28}$$

$$T^i{}_{k;p} = T^i{}_{k,p} + \Gamma^i{}_{pm} T^m{}_k - \Gamma^m{}_{kp} T^i{}_m. \tag{6.29}$$

Mithilfe von (6.27) können wir nun die kovariante Ableitung des metrischen Tensors bestimmen.

Es ergibt sich

$$g_{ik;p} \overset{(6.27)}{=} g_{ik,p} - \Gamma^m{}_{ip}g_{mk} - \Gamma^m{}_{kp}g_{im}$$

$$\overset{(5.25),(6.21)}{=} \frac{\partial g_{ik}}{\partial x^p} - \frac{1}{2}\left(\frac{\partial g_{ik}}{\partial x^p} + \frac{\partial g_{pk}}{\partial x^i} - \frac{\partial g_{ip}}{\partial x^k}\right)$$

$$- \frac{1}{2}\left(\frac{\partial g_{ki}}{\partial x^p} + \frac{\partial g_{pi}}{\partial x^k} - \frac{\partial g_{kp}}{\partial x^i}\right)$$

$$= \frac{\partial g_{ik}}{\partial x^p} - \frac{1}{2}\frac{\partial g_{ik}}{\partial x^p} - \frac{1}{2}\frac{\partial g_{pk}}{\partial x^i}$$

$$+ \frac{1}{2}\frac{\partial g_{ip}}{\partial x^k} - \frac{1}{2}\frac{\partial g_{ki}}{\partial x^p} - \frac{1}{2}\frac{\partial g_{pi}}{\partial x^k} + \frac{1}{2}\frac{\partial g_{kp}}{\partial x^i}$$

$$= \frac{\partial g_{ik}}{\partial x^p} - \frac{1}{2}\frac{\partial g_{ik}}{\partial x^p} - \frac{1}{2}\frac{\partial g_{ki}}{\partial x^p}$$

$$- \frac{1}{2}\frac{\partial g_{pk}}{\partial x^i} + \frac{1}{2}\frac{\partial g_{kp}}{\partial x^i} + \frac{1}{2}\frac{\partial g_{ip}}{\partial x^k} - \frac{1}{2}\frac{\partial g_{pi}}{\partial x^k}$$

$$\overset{(5.4)}{=} 0. \tag{6.30}$$

Das Resultat aus (6.30) stellt eine Bedingung an die allgemeine kovariante Ableitung dar. Nur wenn (6.30) gilt, ist sichergestellt, dass das Skalarprodukt $A_i B^i$ von zwei Vektoren bei Paralleltransport[90] entlang einer beliebigen Kurve gleich bleibt. Die kovariante Ableitung wird folglich erst durch die Metrik eindeutig festgelegt.[91]

Da wir die partielle Ableitung verallgemeinert haben, müssen wir auch die totale Ableitung und damit das totale Differential

$$dA^i = \frac{\partial A^i}{\partial x^p}dx^p = A^i{}_{,p}dx^p \tag{6.31}$$

---

[90]   Durch Paralleltransport können geometrische Objekte entlang glatter Kurven in einer Mannigfaltigkeit transportiert werden. Zur physikalischen Interpretation siehe z.B. (Pullin, 1986).

[91]   Der Beweis der Eindeutigkeit der kovarianten Ableitung findet sich in (Wald, 1984, S. 35).

verallgemeinern. Für das kovariante Differential gilt

$$DA^i := A^i_{;p}dx^p. \tag{6.32}$$

Mithilfe der in diesem Kapitel vorgestellten kovarianten Ableitung können wir Tensoren im Riemann-Raum ableiten, ohne dass sie ihre Tensoreigenschaften verlieren. Beim Übergang in den Minkowski-Raum oder den euklidischen Raum geht (6.22) wegen

$$g_{ik} = \begin{cases} \eta_{ik}, & \text{(Minkowski)} \\ \delta_{ik}, & \text{(Euklid)} \end{cases} \tag{6.33}$$

in (6.21) über, da die Christoffel-Symbole in diesem Fall verschwinden. Die gängigen Rechenregeln der Differentialrechnung übertragen sich auf die kovariante Ableitung.

6.2.2   Parallelverschiebung

Das kovariante Differential wurde eingeführt, weil sich das totale Differential im allgemeinen Riemann-Raum bei Transformation nicht wie ein Tensor verhält. Nur dank der kovarianten Ableitung kann das kovariante Differential seine Tensoreigenschaften bei Transformation beibehalten.

Wir können das kovariante Differential (6.32) auch in der Form

$$DA^i \quad = \quad A^i_{;p}dx^p$$

$$\overset{(6.22)}{=} \quad A^i_{,p}dx^p + \Gamma^i_{pk}A^k dx^p$$

$$\overset{(6.31)}{=} \quad dA^i + \Gamma^i_{pk}A^k dx^p \tag{6.34}$$

schreiben. Es ist der zusätzliche Ausdruck $\Gamma^i_{pk}A^k dx^p$, der das totale Differential zum Tensor macht. Dieser Zusatzterm wird geometrisch auch als Parallelverschiebung interpretiert. Parallelverschiebungen sind längen- und winkelerhaltende geometrische Abbildungen, die jeden Punkt einer Mannigfaltigkeit in derselben Richtung um dieselbe Strecke verschieben. Dabei ist die Parallelverschiebung über

$$\delta A^i := -\Gamma^i_{pk}A^k dx^p \tag{6.35}$$

definiert und beschreibt die Änderung der A^k im Fall einer parallelen Verschiebung um dx.

Mit (6.35) lässt sich (6.34) als

$$DA^i = dA^i - \delta A^i \qquad (6.36)$$

schreiben.

Die kontravarianten Formen lauten analog

$$DA_i = dA_i - \delta A_i, \qquad (6.37)$$

$$\delta A_i = -\Gamma^p{}_{ik} A_p dx^k. \qquad (6.38)$$

6.2.3   Raumkrümmung

Mithilfe der Parallelverschiebung lassen sich Aussagen über etwaige Raumkrümmungen treffen. In nicht-gekrümmten Räumen wird jeder Vektor, der entlang eines geschlossenen Weges parallelverschoben wird, wieder in sich selbst überführt. Der Leser stelle sich dazu etwa eine Kreisscheibe vor, auf deren Rand ein Vektor entlang des Umfangs von P nach Q parallelverschoben wird. Der Vektor wird dabei seine Koordinaten zwar ändern, seine Orientierung und Länge bleiben aber erhalten, sodass er wieder in seine ursprüngliche Form verschoben werden kann (siehe Abbildung 6.1).

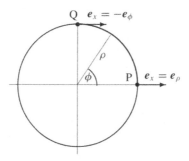

Abbildung 6.1: Parallelverschobener Vektor entlang eines Kreisrandes. Entnommen aus (Fließbach, 2012a, S. 87).

Mathematisch wird dieser Sachverhalt über

$$\oint \delta A^i \overset{\text{nicht gekrümmt}}{=} 0 \qquad\qquad (6.39)$$

ausgedrückt.

In einem gekrümmten Raum stelle sich der Leser nun beispielsweise eine Kugeloberfläche vor. Wird ein Vektor nun von einem beliebigen Punkt P über R und Q wieder nach P parallel auf der Kugeloberfläche verschoben, so geschieht dies auf Geodäten. Dabei bleibt der Winkel zwischen dem Tangentenvektor der geodätischen Linie und dem verschobenen Vektor konstant. Beim Wechsel auf eine andere Geodäte ändert der Vektor jedoch seine Orientierung und wird am Ende nicht mehr in seine ursprüngliche Form übergehen (siehe Abbildung 6.2).

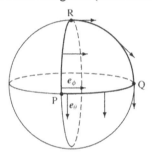

Abbildung 6.2: Parallelverschobener Vektor entlang einer Kugeloberfläche. Entnommen aus (Fließbach, 2012a, S. 87).

Es gilt demnach

$$\oint \delta A^i \overset{\text{gekrümmt}}{\neq} 0. \qquad\qquad (6.40)$$

Über den Paralleltransport lässt sich mit (6.39) und (6.40) die Krümmung des Raums beschreiben. Im folgenden Abschnitt werden wir eine alternative Möglichkeit, Aussagen über die Krümmung des Raums zu treffen, kennenlernen.

6.3   Riemann'scher Krümmungstensor

Der Krümmungstensor ist ein mathematisches Konstrukt, mit dessen Hilfe wir neben dem Paralleltransport über die Krümmung eines Riemann-Raums entscheiden können. Folglich können die Feldgleichungen der ART wegen des bereits

festgestellten Zusammenhangs von Gravitationsfeldern und der Raumzeitkrümmung ohne den Krümmungstensor nicht aufgestellt werden. Zur Herleitung des Krümmungstensors betrachten wir zunächst den Ausdruck $A_{i;k;p}$ und bemerken, dass für höhere kovariante Ableitungen $A_{i;p_1;\ldots;p_n}$, die n-te kovariante Ableitung zuerst und die erste kovariante Ableitung zuletzt ausgeführt wird.
Damit ergibt sich

$$A_{i;k;p} \overset{(6.27)}{=} A_{i;k,p} - \Gamma^m{}_{ip} A_{m;k} - \Gamma^m{}_{kp} A_{i;m}$$

$$\overset{(6.24)}{=} A_{i,k,p} - \Gamma^m{}_{ik,p} A_m$$

$$-\Gamma^m{}_{ip}\left(A_{m,k} - \Gamma^r{}_{mk} A_r\right)$$

$$-\Gamma^m{}_{kp}\left(A_{i,m} - \Gamma^r{}_{im} A_r\right). \tag{6.41}$$

Analog zu (6.41) bestimmen wir

$$A_{i;p;k} = A_{i,p,k} - \Gamma^m{}_{ip,k} A_m - \Gamma^m{}_{ik}\left(A_{m,p} - \Gamma^r{}_{mp} A_r\right)$$

$$-\Gamma^m{}_{pk}\left(A_{i,m} - \Gamma^r{}_{im} A_r\right). \tag{6.42}$$

Nun betrachten wir die Differenz

$$A_{i;k;p} - A_{i;p;k} \quad = \quad A_{i,k,p} - \Gamma^m{}_{ik,p} A_m$$

$$-\Gamma^m{}_{ip} \left(A_{m,k} - \Gamma^r{}_{mk} A_r \right)$$

$$-\Gamma^m{}_{kp} \left(A_{i,m} - \Gamma^r{}_{im} A_r \right) - A_{i,p,k}$$

$$+\Gamma^m{}_{ip,k} A_m$$

$$+\Gamma^m{}_{ik} \left(A_{m,p} - \Gamma^r{}_{mp} A_r \right)$$

$$+\Gamma^m{}_{pk} \left(A_{i,m} - \Gamma^r{}_{im} A_r \right)$$

$$= \quad -\Gamma^m{}_{kp}\left(A_{i,m} - \Gamma^r{}_{im}A_r\right)$$

$$+\Gamma^m{}_{kp}\left(A_{i,m} - \Gamma^r{}_{im}A_r\right)$$

$$+A_{i,k,p} - A_{i,k,p}$$

$$-\Gamma^m{}_{ik,p}A_m + \Gamma^m{}_{ip,k}A_m$$

$$+\Gamma^m{}_{ik}\left(A_{m,p} - \Gamma^r{}_{mp}A_r\right)$$

$$-\Gamma^m{}_{ip}\left(A_{m,k} - \Gamma^r{}_{mk}A_r\right)$$

$$= \quad -\Gamma^m{}_{ik,p}A_m - \Gamma^m{}_{ip}\left(A_{m,k} - \Gamma^r{}_{mk}A_r\right)$$

$$+\Gamma^m{}_{ip,k}A_m + \Gamma^m{}_{ik}\left(A_{m,p} - \Gamma^r{}_{mp}A_r\right)$$

$$= \quad -\Gamma^m{}_{ik,p}A_m - \Gamma^m{}_{ip}A_{m,k}$$

$$+\Gamma^m{}_{ip}\Gamma^r{}_{mk}A_r$$

$$+\Gamma^m{}_{ip,k}A_m + \Gamma^m{}_{ik}A_{m,p}$$

$$-\Gamma^m{}_{ik}\Gamma^r{}_{mp}A_r$$

$$\overset{(5.21)}{=} \quad -\Gamma^m{}_{ik,p}A_m - \frac{\partial x^m}{\partial \xi^\alpha}\frac{\partial^2 \xi^\alpha}{\partial x^i \partial x^p}\frac{\partial A_m}{\partial x^k}$$

$$+\Gamma^m{}_{ip}\Gamma^r{}_{mk}A_r$$

$$+\Gamma^m{}_{ip,k}A_m + \frac{\partial x^m}{\partial \xi^\alpha}\frac{\partial^2 \xi^\alpha}{\partial x^i \partial x^k}\frac{\partial A_m}{\partial x^p}$$

$$-\Gamma^m{}_{ik}\Gamma^r{}_{mp}A_r$$

$$\overset{\text{Schwarz}}{=} \quad -\Gamma^m{}_{ik,p}A_m + \Gamma^m{}_{ip}\Gamma^r{}_{mk}A_r$$

$$+\Gamma^m{}_{ip,k}A_m - \Gamma^m{}_{ik}\Gamma^r{}_{mp}A_r. \qquad \textbf{(6.43)}$$

Im letzten Schritt haben wir den Satz von Schwarz, nach Hermann Amandus Schwarz[92], und die damit verbundene Vertauschbarkeit der partiellen Ableitungen ausgenutzt. Da über die Indizes r und m summiert wird, können wir diese im zweiten und vierten Term von (6.43) vertauschen.

---

[92] [1843-1921]

Es ergibt sich damit

$$A_{i;k;p} - A_{i;p;k} = -\Gamma^m{}_{ik,p}A_m + \Gamma^r{}_{ip}\Gamma^m{}_{rk}A_m + \Gamma^m{}_{ip,k}A_m$$

$$-\Gamma^r{}_{ik}\Gamma^m{}_{rp}A_m$$

$$= \left(-\Gamma^m{}_{ik,p} + \Gamma^m{}_{ip,k} + \Gamma^r{}_{ip}\Gamma^m{}_{rk}\right)A_m$$

$$-\left(\Gamma^r{}_{ik}\Gamma^m{}_{rp}\right)A_m$$

$$= -\left(\Gamma^m{}_{ik,p} - \Gamma^m{}_{ip,k} - \Gamma^r{}_{ip}\Gamma^m{}_{rk}\right)A_m$$

$$-\left(\Gamma^r{}_{ik}\Gamma^m{}_{rp}\right)A_m. \tag{6.44}$$

In (6.44) definieren wir den Riemann'schen Krümmungstensor[93]

$$R^m{}_{ikp} := \Gamma^m{}_{ik,p} - \Gamma^m{}_{ip,k} - \Gamma^r{}_{ip}\Gamma^m{}_{rk} + \Gamma^r{}_{ik}\Gamma^m{}_{rp}. \tag{6.45}$$

Da die linke Seite von (6.44) und A_m jeweils Tensoren sind, muss auch $R^m{}_{ikp}$ ein Tensor sein.

Wir wollen nun die Krümmung des Raums betrachten. Die Differenz (6.44) wird im flachen Raum und insbesondere in kartesischen Koordinaten wegen der verschwindenden Christoffel-Symbole zu

$$A_{i;k;p} - A_{i;p;k} = A_{i,k,p} - A_{i,p,k} = 0. \tag{6.46}$$

Da wir im allgemeinen Fall von $A_m \neq 0$ ausgehen, muss im flachen Raum folglich $R^m{}_{ikp} = 0$ gelten. Da $R^m{}_{ikp}$ ein Tensor ist, gilt diese Eigenschaft für beliebige Koordinaten. Im gekrümmten Raum verschwinden die Christoffel-Symbole und damit auch der Krümmungstensor nicht, sodass dieser als Indikator für gekrümmte Räume genutzt werden kann.

---

[93] Zur Herleitung siehe auch (Jordan, 1948a) und zu weiteren Anwendungsmöglichkeiten (Jordan, 1948b).

Analog zu (6.39) und (6.40) können wir also

$$R^m_{\ ikp} \overset{\text{nicht gekrümmt}}{=} 0 \tag{6.47}$$

$$R^m_{\ ikp} \overset{\text{gekrümmt}}{\neq} 0. \tag{6.48}$$

schreiben. Die Aussagen (6.47) und (6.48) lassen sich entsprechend des Resultates aus Abschnitt 5.6 zu der Aussage

$$R^i_{\ kpm} \neq 0 \leftrightarrow \text{kein kartesisches KS möglich} \tag{6.49}$$

zusammenfassen.

Durch Kontraktion von $R^m_{\ ikp}$ erhalten wir einerseits den Ricci-Tensor[94]

$$R_{ip} := R^m_{\ imp} = \Gamma^m_{\ im,p} - \Gamma^m_{\ ip,m} - \Gamma^r_{\ ip}\Gamma^m_{\ rm} + \Gamma^r_{\ im}\Gamma^m_{\ rp}, \tag{6.50}$$

nach Gregorio Ricci-Curbastro[95], und andererseits den Krümmungsskalar[96]

$$R := g^{ip}R_{ip}$$

$$= R^i_{\ i}$$

$$= g^{ip}\left(\Gamma^m_{\ im,p} - \Gamma^m_{\ ip,m} - \Gamma^r_{\ ip}\Gamma^m_{\ rm} + \Gamma^r_{\ im}\Gamma^m_{\ rp}\right). \tag{6.51}$$

Zur Identifikation etwaiger Symmetrieeigenschaften wollen wir im Folgenden R_{mikp} explizit berechnen.

---

[94] Eigenschaften des Ricci-Tensors finden sich in (Ehrlich, 1976).
[95] [1853-1925]
[96] Grundsätzliches zu Ricci-Tensor und Krümmungsskalar ist in Unterabschnitt 9.5.4 aus (Rebhan, 2012) dargestellt.

Dazu bestimmen wir zunächst den Ausdruck

$$g_{ks}\Gamma^k{}_{pm} + g_{km}\Gamma^k{}_{ps} \overset{(5.26)}{=} g_{ks}\frac{g^{kr}}{2}\left(\frac{\partial g_{pr}}{\partial x^m} + \frac{\partial g_{rm}}{\partial x^p} - \frac{\partial g_{pm}}{\partial x^r}\right)$$

$$+ g_{km}\frac{g^{kr}}{2}\left(\frac{\partial g_{pr}}{\partial x^s} + \frac{\partial g_{rs}}{\partial x^p} - \frac{\partial g_{ps}}{\partial x^r}\right)$$

$$\overset{(5.12)}{=} \frac{1}{2}\left(\frac{\partial g_{ps}}{\partial x^m} + \frac{\partial g_{sm}}{\partial x^p} - \frac{\partial g_{pm}}{\partial x^s}\right)$$

$$+ \frac{1}{2}\left(\frac{\partial g_{pm}}{\partial x^s} + \frac{\partial g_{ms}}{\partial x^p} - \frac{\partial g_{ps}}{\partial x^m}\right)$$

$$= \frac{\partial g_{ms}}{\partial x^p}. \tag{6.52}$$

Im nächsten Schritt berechnen wir mit (5.12) und (6.52)

$$\frac{\partial}{\partial x^p}(g_{ms}g^{sr}) \overset{(5.12)}{=} \frac{\partial}{\partial x^p}\delta^r_m = 0$$

$$\Leftrightarrow \quad \frac{\partial g_{ms}}{\partial x^p}g^{sr} + g_{ms}\frac{\partial g^{sr}}{\partial x^p} = 0$$

$$\Rightarrow \quad \left(g_{ks}\Gamma^k{}_{pm} + g_{km}\Gamma^k{}_{ps}\right)g^{sr} = \frac{\partial g_{ms}}{\partial x^p}g^{sr}$$

$$= -g_{ms}\frac{\partial g^{sr}}{\partial x^p}. \tag{6.53}$$

Mithilfe von (6.52) und (6.53) können wir

$$R_{mikp} \quad = \quad g_{ms} R^s{}_{ikp}$$

$$= \quad g_{ms} \left(\Gamma^s{}_{ik,p} - \Gamma^s{}_{ip,k} - \Gamma^r{}_{ip} \Gamma^s{}_{rk} + \Gamma^r{}_{ik} \Gamma^s{}_{rp} \right)$$

$$\overset{(5.26)}{=} \quad g_{ms} \frac{\partial}{\partial x^p} \left[\frac{g^{sr}}{2} \left(\frac{\partial g_{ir}}{\partial x^k} + \frac{\partial g_{rk}}{\partial x^i} - \frac{\partial g_{ik}}{\partial x^r} \right) \right]$$

$$-g_{ms} \frac{\partial}{\partial x^k} \left[\frac{g^{sr}}{2} \left(\frac{\partial g_{ri}}{\partial x^p} + \frac{\partial g_{rp}}{\partial x^i} - \frac{\partial g_{ip}}{\partial x^r} \right) \right]$$

$$+g_{ms} \left[\Gamma^r{}_{ik} \Gamma^s{}_{rp} - \Gamma^r{}_{ip} \Gamma^s{}_{rk} \right]$$

$$= \quad g_{ms} \frac{1}{2} \frac{\partial g^{sr}}{\partial x^p} \left(\frac{\partial g_{ri}}{\partial x^k} + \frac{\partial g_{rk}}{\partial x^i} - \frac{\partial g_{ik}}{\partial x^r} \right)$$

$$+g_{ms} \frac{g^{sr}}{2} \frac{\partial}{\partial x^p} \left(\frac{\partial g_{ri}}{\partial x^k} + \frac{\partial g_{rk}}{\partial x^i} - \frac{\partial g_{ik}}{\partial x^r} \right)$$

$$-g_{ms} \frac{1}{2} \frac{\partial g^{sr}}{\partial x^k} \left(\frac{\partial g_{ri}}{\partial x^p} + \frac{\partial g_{rp}}{\partial x^i} - \frac{\partial g_{ip}}{\partial x^r} \right)$$

$$-g_{ms} \frac{g^{sr}}{2} \frac{\partial}{\partial x^k} \left(\frac{\partial g_{ri}}{\partial x^p} + \frac{\partial g_{rp}}{\partial x^i} - \frac{\partial g_{ip}}{\partial x^r} \right)$$

$$+g_{ms} \left(\Gamma^r{}_{ik} \Gamma^s{}_{rp} - \Gamma^r{}_{ip} \Gamma^s{}_{rk} \right)$$

$$
\begin{aligned}
\underset{(6.53)}{=} \quad & -\left(g_{qs}\Gamma^q{}_{pm} + g_{qm}\Gamma^q{}_{ps}\right)\frac{g^{sr}}{2}\left(\frac{\partial g_{ri}}{\partial x^k} + \frac{\partial g_{rk}}{\partial x^i}\right.\\
& \left. - \frac{\partial g_{ik}}{\partial x^r}\right)\\
& + g_{ms}\left[\frac{g^{sr}}{2}\left(\frac{\partial^2 g_{ri}}{\partial x^k \partial x^p} + \frac{\partial^2 g_{rk}}{\partial x^i \partial x^p} - \frac{\partial^2 g_{ik}}{\partial x^r \partial x^p}\right)\right]\\
& + \left(g_{js}\Gamma^j{}_{km} + g_{jm}\Gamma^j{}_{ks}\right)\frac{g^{sr}}{2}\left(\frac{\partial g_{ri}}{\partial x^p} + \frac{\partial g_{rp}}{\partial x^i} - \frac{\partial g_{ip}}{\partial x^r}\right)\\
& - g_{ms}\left[\frac{g^{sr}}{2}\left(\frac{\partial^2 g_{ri}}{\partial x^p \partial x^k} + \frac{\partial^2 g_{rp}}{\partial x^i \partial x^k} - \frac{\partial^2 g_{ip}}{\partial x^r \partial x^k}\right)\right]\\
& + g_{ms}\left(\Gamma^r{}_{ik}\Gamma^s{}_{rp} - \Gamma^r{}_{ip}\Gamma^s{}_{rk}\right)
\end{aligned}
$$

$$
\begin{aligned}
\underset{(5.26)}{=} \quad & -\left(g_{qs}\Gamma^q{}_{pm} + g_{qm}\Gamma^q{}_{ps}\right)\Gamma^s{}_{ik}\\
& + g_{ms}\left[\frac{g^{sr}}{2}\left(\frac{\partial^2 g_{rk}}{\partial x^i \partial x^p} - \frac{\partial^2 g_{ik}}{\partial x^r \partial x^p}\right)\right]\\
& + \left(g_{js}\Gamma^j{}_{km} + g_{jm}\Gamma^j{}_{ks}\right)\Gamma^s{}_{ip}\\
& - g_{ms}\left[\frac{g^{sr}}{2}\left(\frac{\partial^2 g_{rp}}{\partial x^i \partial x^k} - \frac{\partial^2 g_{ip}}{\partial x^r \partial x^k}\right)\right]\\
& + g_{ms}\left(\Gamma^r{}_{ik}\Gamma^s{}_{rp} - \Gamma^r{}_{ip}\Gamma^s{}_{rk}\right)
\end{aligned}
$$

$$(5.12) \atop = \quad -\left(g_{qs}\Gamma^q{}_{pm} + g_{qm}\Gamma^q{}_{ps}\right)\Gamma^s{}_{ik}$$

$$+\frac{1}{2}\left(\frac{\partial^2 g_{mk}}{\partial x^i \partial x^p} - \frac{\partial^2 g_{ik}}{\partial x^m \partial x^p}\right)$$

$$+\left(g_{js}\Gamma^j{}_{km} + g_{jm}\Gamma^j{}_{ks}\right)\Gamma^s{}_{ip}$$

$$-\frac{1}{2}\left(\frac{\partial^2 g_{mp}}{\partial x^i \partial x^k} - \frac{\partial^2 g_{ip}}{\partial x^m \partial x^k}\right)$$

$$+g_{ms}\left(\Gamma^r{}_{ik}\Gamma^s{}_{rp} - \Gamma^r{}_{ip}\Gamma^s{}_{rk}\right)$$

$$= \quad \frac{1}{2}\left(\frac{\partial^2 g_{mk}}{\partial x^i \partial x^p} - \frac{\partial^2 g_{ik}}{\partial x^m \partial x^p} - \frac{\partial^2 g_{mp}}{\partial x^i \partial x^k} + \frac{\partial^2 g_{ip}}{\partial x^m \partial x^k}\right)$$

$$-\left(g_{qs}\Gamma^q{}_{pm} + g_{qm}\Gamma^q{}_{ps}\right)\Gamma^s{}_{ik}$$

$$+\left(g_{js}\Gamma^j{}_{km} + g_{jm}\Gamma^j{}_{ks}\right)\Gamma^s{}_{ip}$$

$$+g_{ms}\left(\Gamma^r{}_{ik}\Gamma^s{}_{rp} - \Gamma^r{}_{ip}\Gamma^s{}_{rk}\right) \tag{6.54}$$

berechnen. Da über den Index q bzw. den Index j in der Klammer des zweiten bzw. des dritten Terms und über r und s im vierten Term summiert wird, können wir diese entsprechend umbenennen.

Damit wird (6.54) zu

$$R_{mikp} = \frac{1}{2}\left(\frac{\partial^2 g_{mk}}{\partial x^i \partial x^p} - \frac{\partial^2 g_{ik}}{\partial x^m \partial x^p} - \frac{\partial^2 g_{mp}}{\partial x^i \partial x^k}\right)$$

$$+ \frac{1}{2}\left(\frac{\partial^2 g_{ip}}{\partial x^m \partial x^k}\right)$$

$$- \left(g_{rs}\Gamma^r{}_{pm} + g_{rm}\Gamma^r{}_{ps}\right)\Gamma^s{}_{ik}$$

$$+ \left(g_{rs}\Gamma^r{}_{km} + g_{rm}\Gamma^r{}_{ks}\right)\Gamma^s{}_{ip}$$

$$+ g_{mr}\Gamma^s{}_{ik}\Gamma^r{}_{sp} - g_{mr}\Gamma^s{}_{ip}\Gamma^r{}_{sk}$$

$$= \frac{1}{2}\left(\frac{\partial^2 g_{mk}}{\partial x^i \partial x^p} - \frac{\partial^2 g_{ik}}{\partial x^m \partial x^p} - \frac{\partial^2 g_{mp}}{\partial x^i \partial x^k}\right)$$

$$+ \frac{1}{2}\left(\frac{\partial^2 g_{ip}}{\partial x^m \partial x^k}\right)$$

$$+ g_{rs}\Gamma^r{}_{km}\Gamma^s{}_{ip} + g_{rm}\Gamma^r{}_{ks}\Gamma^s{}_{ip}$$

$$+ g_{mr}\Gamma^s{}_{ik}\Gamma^r{}_{sp}$$

$$- g_{rs}\Gamma^r{}_{pm}\Gamma^s{}_{ik} - g_{rm}\Gamma^r{}_{ps}\Gamma^s{}_{ik}$$

$$- g_{mr}\Gamma^s{}_{ip}\Gamma^r{}_{sk}$$

$$
\begin{aligned}
\overset{(5.4),(5.27)}{=} \quad & \frac{1}{2}\left(\frac{\partial^2 g_{mk}}{\partial x^i \partial x^p} - \frac{\partial^2 g_{ik}}{\partial x^m \partial x^p} - \frac{\partial^2 g_{mp}}{\partial x^i \partial x^k}\right) \\
& + \frac{1}{2}\left(\frac{\partial^2 g_{ip}}{\partial x^m \partial x^k}\right) \\
& + g_{rm}\Gamma^r{}_{ks}\Gamma^s{}_{ip} - g_{rm}\Gamma^s{}_{ip}\Gamma^r{}_{ks} \\
& + g_{mr}\Gamma^s{}_{ik}\Gamma^r{}_{sp} - g_{mr}\Gamma^s{}_{ik}\Gamma^r{}_{sp} \\
& + g_{rs}\left(\Gamma^r{}_{km}\Gamma^s{}_{ip} - \Gamma^r{}_{pm}\Gamma^s{}_{ik}\right)
\end{aligned}
$$

$$
\begin{aligned}
= \quad & \frac{1}{2}\left(\frac{\partial^2 g_{mk}}{\partial x^i \partial x^p} + \frac{\partial^2 g_{ip}}{\partial x^m \partial x^k} - \frac{\partial^2 g_{ik}}{\partial x^m \partial x^p}\right) \\
& - \frac{1}{2}\left(\frac{\partial^2 g_{mp}}{\partial x^i \partial x^k}\right) \\
& + g_{rs}\left(\Gamma^r{}_{km}\Gamma^s{}_{ip} - \Gamma^r{}_{pm}\Gamma^s{}_{ik}\right). \quad \text{(6.55)}
\end{aligned}
$$

Aus der hergeleiteten Form (6.55) des Krümmungstensors lassen sich nun die Symmetrieeigenschaften

$$
R_{mikp} = R_{kpmi}, \quad \text{(6.56)}
$$

$$
R_{mikp} = -R_{imkp} = -R_{mipk} = R_{impk}, \quad \text{(6.57)}
$$

$$
R_{mikp} + R_{mpik} + R_{mkpi} = 0 \quad \text{(6.58)}
$$

ablesen. Diese folgen direkt aus den Symmetrieeigenschaften (5.4) und (5.27).

Wir führen an dieser Stelle ergänzend noch die sogenannten Bianchi-Identitäten, nach Luigi Bianchi[97], als Hilfsmittel zur Aufstellung der verallgemeinerten Feldgleichungen ein. Der Beweis wird an dieser Stelle nicht geliefert[98]. Die Bianchi-Identitäten lauten

$$R_{iklm;n} + R_{ikmn;l} + R_{iknl;m} = 0. \qquad (6.59)$$

6.4 Kovarianzprinzip

Ausgehend vom Äquivalenzprinzip fordern wir auch im Riemann-Raum, dass physikalische Gesetze in allen BS dieselbe Struktur haben sollen. Mit unserem neu erworbenen Wissen, dass Masse die Raumzeit krümmt, müssen wir die Gesetze nun so anpassen, dass die Raumkrümmung in den Gleichungen berücksichtigt wird. Wie wir bereits festgestellt haben, muss es sich bei den gesuchten Gleichungen um Tensorgleichungen handeln, da nur diese die geforderte Kovarianzbedingung erfüllen und somit unter allgemeinen Koordinatentransformationen invariant bleiben. Nur bei der Verwendung von Tensorgleichungen können wir sicherstellen, dass eine gefundene Lösung in einem bestimmten KS auch in allen anderen KS gültig ist. Zudem fordern wir von den aufzustellenden Gleichungen, dass sie sich dem Korrespondenzprinzip[99] entsprechend im Grenzfall auf die uns bekannten Gleichungen reduzieren. Zusammenfassend fordern wir also folgende Bedingungen für verallgemeinerte Gleichungen im Gravitationsfeld:

1. Sie müssen die Struktur einer Riemann-Tensorgleichung haben, um unter allgemeinen Transformationen kovariant zu sein.
2. Sie müssen sich im Grenzfall des LIS auf die entsprechenden Gesetze der SRT oder der Newton'schen Gravitationstheorie reduzieren.

---

[97] [1856-1928]
[98] Für den Beweis und die mathematische Herleitung siehe Kapitel 16 aus (Schouten, 1924) oder für einen alternativen kürzeren Beweis Kapitel 13 aus (Dirac, 1975).
[99] Das Korrespondenzprinzip fordert von neuen physikalischen Theorien, dass die alten bereits bekannten Theorien, in ihm enthalten sind. Siehe dazu auch Abschnitt 31.1 aus (Sonne und Weiß, 2013).

Unser Ziel ist es daher die Gesetze der SRT in allgemein kovarianter Form zu schreiben.

Analog zur Definition des metrischen Tensors (5.3) können wir jedem Lorentz-Vektor A^α einen Riemann-Vektor A^μ zuordnen. Damit definieren wir den Riemann-Vektor

$$A^\mu := \frac{\partial x^\mu}{\partial \xi^\alpha} A^\alpha. \tag{6.60}$$

Tensor- und Skalarfelder sind analog zu definieren. Insbesondere gelten für Riemann-Tensoren die gleichen Rechenregeln wie für die schon bekannten Lorentz-Tensoren.

6.5   Geodätengleichung II

Wir möchten nun genau wie in Abschnitt 5.4 die Bewegungsgleichung im Gravitationsfeld herleiten, aber verwenden nun Riemann-Tensoren zur Herleitung der Geodätengleichung. Zu Beginn betrachten wir wieder die Bewegungsgleichung (5.16) eines Teilchens in der SRT nach

$$\frac{d^2}{d\tau^2} \xi^\alpha(\tau) = \frac{du^\alpha}{d\tau} = 0. \tag{6.61}$$

Wir können nun u^α mithilfe des Kovarianzprinzips verallgemeinern und erhalten dadurch den Riemann-Vektor

$$u^\mu = \frac{\partial x^\mu}{\partial \xi^\alpha} u^\alpha = \frac{\partial x^\mu}{\partial \xi^\alpha} \frac{d\xi^\alpha}{d\tau} = \frac{dx^\mu}{d\tau}. \tag{6.62}$$

Mithilfe des kovarianten Differentials Du^μ können wir u^μ differenzieren und erhalten damit

$$\frac{Du^\mu}{d\tau} \overset{(6.36)}{=} \frac{du^\mu - \delta u^\mu}{d\tau}$$

$$\overset{(6.35)}{=} \frac{du^\mu}{d\tau} + \Gamma^i{}_{\nu\lambda} u^\lambda \frac{dx^\nu}{d\tau}$$

$$= \frac{du^\mu}{d\tau} + \Gamma^i{}_{\nu\lambda} u^\lambda u^\nu$$

$$= 0 \qquad \qquad (6.63)$$

Offenbar entspricht die letzte Gleichung aus (6.63) genau der herzuleitenden Geodätengleichung (5.22). Insbesondere reduziert sich (6.63) für den Fall von $g_{\mu\nu} = \eta_{\mu\nu}$ wegen der verschwindenden Christoffel-Symbole auf (6.61) und erfüllt damit das Kovarianzprinzip.

Wir stellen fest, dass wir mithilfe des Kovarianzprinzips Gleichungen in der ART viel effizienter als zuvor herleiten können. Die verallgemeinerten Feldgleichungen lassen sich nach diesem Prinzip jedoch nicht herleiten, da es im LIS keine zu verallgemeinernden Feldgleichungen gibt. Dennoch können wir das Kovarianzprinzip nutzen, um die beschriebenen Anforderungen an die aufzustellenden Feldgleichungen stellen zu können. Damit gilt es nun die Feldgleichungen der ART herzuleiten.

7 Einstein'sche Feldgleichungen

7.1 Voraussetzungen

In diesem Kapitel möchten wir nun die berühmten Einstein'schen Feldgleichungen herleiten. Wir erinnern uns an dieser Stelle an Abschnitt 5.5, in dem wir bei Anwesenheit eines schwachen Gravitationsfeldes Φ bereits g_{00} nach (5.40) berechnet haben. Von den aufzustellenden Feldgleichungen fordern wir nun, dass sie im nicht-relativistischen Grenzfall bei Anwesenheit von Materie in die Poisson-Gleichung (2.6) und im Vakuum in die Laplace-Gleichung (2.7) übergehen. Wir müssen nun die restlichen Komponenten von $g_{\mu\nu}$ herleiten.

Wie wir bereits festgestellt haben, müssen die zur Bestimmung von $g_{\mu\nu}$ aufzustellenden Gleichungen Tensorgleichungen sein. Zur Konstruktion dieser Gleichungen bedarf es der in Kapitel 6 vorgestellten Tensoren $R^{\kappa}{}_{\lambda\mu\nu}$, $R_{\mu\nu}$ und R, mit deren Hilfe wir das Gravitationsfeld beschreiben können.

Da die Poisson-Gleichung und die Laplace-Gleichung DGL zweiter Ordnung sind, sollten auch ihre relativistischen Verallgemeinerungen DGL für $g_{\mu\nu}$ von zweiter Ordnung sein. Wie wir aus (6.54) ablesen können, enthält der Krümmungstensor $R_{\kappa\lambda\mu\nu}$ zweite Ableitungen von $g_{\mu\nu}$, was die Verwendung der Tensoren $R^{\kappa}{}_{\lambda\mu\nu}$, $R_{\mu\nu}$ und R zur Beschreibung der verallgemeinerten Gleichungen legitimiert. Zunächst wollen wir den einfachsten Fall, den Vakuumfall, betrachten.

7.2 Vakuum-Feldgleichungen

Im massenlosen Fall ist die rechte Seite der verallgemeinerten Laplace-Gleichung offenbar gleich Null. Wir wissen, dass sich die 16 Komponenten von $g_{\mu\nu}$ aufgrund der Symmetrieeigenschaft (5.4) auf 10 unabhängige Komponenten reduzieren. Da sich wegen (6.56)–(6.58) die ursprünglich 256 Komponenten des Krümmungstensors auf 20 unabhängige reduzieren, hat der aus Kontraktion des Krümmungstensors entstehende Ricci-Tensor folglich 10 unabhängige Komponenten, sodass sich dieser zur Beschreibung der 10 gesuchten Komponenten für $g_{\mu\nu}$ anscheinend bestens eignet. Wir wählen deshalb für die Vakuum-Feldgleichungen den Ansatz

$$R_{\mu\nu} = 0. \qquad (7.1)$$

Im Fall einer nicht verschwindenden Massenverteilung haben wir bereits in Kapitel 4 festgestellt, dass die Massendichte ρ in einen Energie-Impuls-Tensor übergeht. Diesen Tensor möchten wir im Folgenden näher beschreiben.

7.3   Materie-Feldgleichungen

7.3.1   Energie-Impuls-Tensor

Wir möchten im Folgenden eine zusammenhangslose Massenverteilung, in der Teilchen nicht miteinander wechselwirken, betrachten. In diesem Fall wird der Energie-Impuls-Tensor gemäß

$$T^{\mu\nu}(x) := \rho_0(x)u^\mu(x)u^\nu(x) \qquad (7.2)$$

definiert. Dabei ist $\rho_0 = \rho_0(x)$ die Massendichte in KS, die mit Geschwindigkeit $u^\mu = u^\mu(x)$ fließt. Für die 4-Geschwindigkeit u^μ gilt

$$u^\mu = \frac{dx^\mu}{d\tau}. \qquad (7.3)$$

Für das kartesische Wegelement gilt damit

$$ds^2 = c^2 d\tau^2 = c^2 dt^2 - dr^2 = c^2 dt^2 \left(1 - \frac{v^2}{c^2}\right). \qquad (7.4)$$

Aus der zweiten und der letzten Gleichheit aus (7.4) ergibt sich

$$c^2 d\tau^2 = c^2 dt^2 \left(1 - \frac{v^2}{c^2}\right) \Leftrightarrow \left(\frac{dt}{d\tau}\right)^2 = \frac{1}{1 - \frac{v^2}{c^2}} = \gamma^2. \qquad (7.5)$$

Mit (7.5) ergibt sich die 00-Komponente von $T^{\mu\nu}$ aus (7.2) und $dx^0 = cdt$ zu

$$T^{00} = \rho_0 \left(\frac{dt}{d\tau}\right)^2 = c^2 \gamma^2 \rho_0 = c^2 \rho. \qquad (7.6)$$

In bewegten KS' wird die Massendichte ρ wahrgenommen. Aus der SRT wissen wir, dass die bewegte Masse m nach $m = \gamma m_0$ gegenüber der Ruhemasse m_0 wächst. Gleichzeitig verringert sich das Volumen V aufgrund der Längenkontraktion nach $V = \frac{V_0}{\gamma}$ gegenüber dem Ruhevolumen V_0.

Folglich muss für die bewegte Dichte

$$\rho = \frac{m}{V} = \frac{\gamma m_0}{\frac{V_0}{\gamma}} = \gamma^2 \rho_0 \tag{7.7}$$

gelten. Da sich (7.6) und (7.7) offenbar entsprechen, können wir mit T^{00} die relativistische Energie-Dichte von Materie beschreiben.

Durch analoges Vorgehen erhalten wir mit $v^i = \frac{dx^i}{dt}$ die Komponenten

$$T^{0i} = \rho_0 u^0 u^i \overset{(7.3)}{=} \rho_0 \frac{dx^0}{d\tau} \frac{dx^i}{d\tau} = \gamma^2 \rho_0 c v^i \overset{(7.6)}{=} \rho c v^i \tag{7.8}$$

und können damit

$$T^{ik} = \rho_0 \frac{dx^i}{d\tau} \frac{dx^k}{d\tau} = \gamma^2 \rho_0 v^i v^k \overset{(7.6)}{=} \rho v^i v^k \tag{7.9}$$

aufstellen.

Mit (7.6), (7.8) und (7.9) können wir schließlich den Energie-Impuls-Tensor $T^{\mu\nu}$ als

$$T^{\mu\nu} = \rho \begin{pmatrix} c^2 & cv_x & cv_y & cv_z \\ cv_x & v_x^2 & v_x v_y & v_x v_z \\ cv_y & v_y v_x & v_y^2 & v_y v_z \\ cv_z & v_z v_x & v_z v_y & v_z^2 \end{pmatrix}. \tag{7.10}$$

schreiben.

Aus (7.10) können wir zudem die Symmetrieeigenschaft

$$T^{\mu\nu} = T^{\nu\mu} \tag{7.11}$$

ablesen. Im nicht-relativistischen Grenzfall dominiert die 00-Komponente von $T^{\mu\nu}$, sodass dann in linearer Näherung

$$T^{\mu\nu} \approx T^{00} \approx c^2 \rho \approx c^2 \rho_0 \tag{7.12}$$

gilt. Da sowohl Energie als auch Impuls Erhaltungsgrößen[100] sind, müssen wir ein solches Erhaltungsgesetz in der ART angeben.

In der SRT lautet das Erhaltungsgesetz

$$T^{\mu\nu}_{\ ,\nu} = 0. \tag{7.13}$$

---

[100]   Erhaltungsgrößen resultieren nach dem Noether-Theorem stets aus einer zugrundeliegenden Symmetrie. Siehe dazu auch Kapitel 37 aus (Jänich, 2011) oder Kapitel 6 aus (Scherer, 2016).

Um zu zeigen, dass (7.13) tatsächlich ein Erhaltungsgesetz ist, setzen wir zunächst $\mu = 0$ und erhalten damit

$$T^{00}{}_{,0} + T^{0i}{}_{,i} = 0$$

$$\underset{\Leftrightarrow}{\overset{(7.6),(7.8)}{\Leftrightarrow}} \quad c\frac{\partial \rho}{\partial t} + c\frac{\partial}{\partial x^i}(\rho v^i) = 0$$

$$\Leftrightarrow \quad \frac{\partial \rho}{\partial t} + \nabla \cdot (\rho \boldsymbol{v}) = 0. \tag{7.14}$$

Betrachten wir nun den Fall $\mu = i$.
Wir erhalten dann

$$T^{i0}{}_{,0} + T^{ik}{}_{,k} = 0$$

$$\underset{\Leftrightarrow}{\overset{(7.6),(7.9)}{\Leftrightarrow}} \quad \frac{1}{c}\frac{\partial}{\partial t}(\rho c v^i) + \frac{\partial}{\partial x^k}(\rho v^i v^k) = 0$$

$$\Leftrightarrow \quad \frac{\partial}{\partial t}(\rho v^i) + \nabla \cdot (\rho v^i \boldsymbol{v}) = 0. \tag{7.15}$$

Offenbar hat sowohl (7.14) als auch (7.15) die aus der ED bekannte Struktur der Kontinuitätsgleichung[101], die das Erhaltungsgesetz der elektrischen Ladung beschreibt. Damit wird über (7.14) die Energieerhaltung und über (7.15) die Impulserhaltung ausgedrückt. In der SRT wird die Energie-Impuls-Erhaltung durch (7.13) beschrieben.

Um (7.13) zu verallgemeinern, müssen wir die partielle Ableitung durch die kovariante Ableitung ersetzen und erhalten damit als kovariantes Erhaltungsgesetz

$$T^{\mu\nu}{}_{;\nu} = 0. \tag{7.16}$$

---

[101] Siehe dazu z.B. Unterabschnitt 1.3.5 aus (Scheck, 2010).

7.3.2 Verallgemeinerte Poisson-Gleichung

Mit (7.1) und (7.10) könnte zur Verallgemeinerung der Poisson-Gleichung naiv der Ansatz

$$R_{\mu\nu} = -\frac{8\pi G}{c^4} T_{\mu\nu} \qquad (7.17)$$

gewählt werden. Nach (7.16) muss also aus (7.17) das Erhaltungsgesetz

$$R^{\mu\nu}{}_{;\nu} = 0 \qquad (7.18)$$

folgen. Um (7.18) zu überprüfen, nutzen wir die aus (6.59) bekannten Bianchi-Identitäten

$$R^{\mu}{}_{\nu\rho\sigma;\lambda} + R^{\mu}{}_{\nu\sigma\lambda;\rho} + R^{\mu}{}_{\nu\lambda\rho;\sigma} = 0 \qquad (7.19)$$

und kontrahieren diese, indem wir $\mu = \rho$ setzen, um folgende Aussage über (7.18) treffen zu können.

Es ergibt sich

$$R^\mu{}_{\nu\mu\sigma;\lambda} + R^\mu{}_{\nu\sigma\lambda;\mu} + R^\mu{}_{\nu\lambda\mu;\sigma} = 0$$

$$\overset{(6.57)}{\Longleftrightarrow} \quad R^\mu{}_{\nu\mu\sigma;\lambda} + R^\mu{}_{\nu\sigma\lambda;\mu} - R^\mu{}_{\nu\mu\lambda;\sigma} = 0$$

$$\overset{(6.50)}{\Longleftrightarrow} \quad R_{\nu\sigma;\lambda} + R^\mu{}_{\nu\sigma\lambda;\mu} - R_{\nu\lambda;\sigma} = 0. \tag{7.20}$$

Im nächsten Schritt multiplizieren wir (7.20) mit $g^{\nu\sigma}$ und erhalten

$$g^{\nu\sigma} R_{\nu\sigma;\lambda} + g^{\nu\sigma} R^\mu{}_{\nu\sigma\lambda;\mu} - g^{\nu\sigma} R_{\nu\lambda;\sigma} = 0$$

$$\overset{(6.51)}{\Longleftrightarrow} \quad R_{;\lambda} - R^\mu{}_{\lambda;\mu} - R^\sigma{}_{\lambda;\sigma} = 0$$

$$\Longleftrightarrow \quad \delta^\rho_\lambda R_{;\rho} - R^\rho{}_{\lambda;\rho} - R^\rho{}_{\lambda;\rho} = 0$$

$$\Longleftrightarrow \quad \delta^\rho_\lambda R_{;\rho} - 2R^\rho{}_{\lambda;\rho} = 0$$

$$\Longleftrightarrow \quad \left(\delta^\rho_\lambda R - 2R^\rho{}_\lambda \right)_{;\rho} = 0$$

$$\Longleftrightarrow \quad \left(\frac{1}{2} \delta^\rho_\lambda R - R^\rho{}_\lambda \right)_{;\rho} = 0$$

$$\Longleftrightarrow \quad \left(\frac{1}{2} g^{\lambda\nu} \delta^\rho_\lambda R - g^{\lambda\nu} R^\rho{}_\lambda \right)_{;\rho} = 0$$

$$\Longleftrightarrow \quad \left(\frac{1}{2} g^{\rho\nu} R - R^{\rho\nu} \right)_{;\rho} = 0$$

$$\Longleftrightarrow \quad \left(\frac{1}{2} g^{\rho\lambda} R - R^{\rho\lambda} \right)_{;\rho} = 0$$

$$\Longleftrightarrow \quad \left(-\frac{1}{2} g^{\rho\lambda} R + R^{\rho\lambda} \right)_{;\rho} = 0$$

$$\Leftrightarrow \quad \left(-\frac{1}{2}g^{\nu\mu}R + R^{\nu\mu}\right)_{;\nu} = 0$$

$$\Leftrightarrow \quad \left(-\frac{1}{2}g^{\mu\nu}R + R^{\mu\nu}\right)_{;\nu} = 0. \tag{7.21}$$

Im letzten Schritt wurden die Symmetrieeigenschaften des metrischen Tensors und des Ricci-Tensors ausgenutzt. Aus (7.21) können wir nach (6.51) auf $R_{;\nu} \neq 0$ schließen, sodass (7.18) der falsche Ansatz ist und wir diesen verwerfen müssen. Stattdessen definieren wir auf Grundlage von (7.21) den Einstein-Tensor

$$G^{\mu\nu} := -\frac{1}{2}g^{\mu\nu}R + R^{\mu\nu}. \tag{7.22}$$

Nach (7.21) erfüllt (7.22) das Erhaltungsgesetz

$$G^{\mu\nu}{}_{;\nu} = 0 \tag{7.23}$$

und stellt damit ein kovariantes Erhaltungsgesetz dar. Zudem ist $G_{\mu\nu}$ ein aus den ersten und zweiten Ableitungen von $g_{\mu\nu}$ gebildeter Riemann-Tensor. Dabei ist er nach Konstruktion von $R_{\mu\nu}$ linear in der zweiten und quadratisch in der ersten Ableitung von $g_{\mu\nu}$. Damit erfüllt $G_{\mu\nu}$ bis auf die noch zu zeigende Reduktion auf den Newton'schen Grenzfall alle zur Verallgemeinerung notwendigen Forderungen, sodass wir zur Verallgemeinerung der Poisson-Gleichung mithilfe des Einstein-Tensors

$$G_{\mu\nu} = -\frac{1}{2}g_{\mu\nu}R + R_{\mu\nu} = -\frac{8\pi G}{c^4}T_{\mu\nu} \tag{7.24}$$

annehmen können.

Die für $T_{\mu\nu}$ geltende Symmetrieeigenschaft überträgt sich auch auf $G_{\mu\nu}$, sodass

$$G_{\mu\nu} = G_{\nu\mu} \tag{7.25}$$

gilt.

Wir möchten nun überprüfen, ob (7.24) im massenlosen Fall, in dem $T_{\mu\nu} = 0$ gilt, zur Laplace-Gleichung führt. Dazu betrachten wir

$$-\frac{1}{2}g^{\mu\nu}R + R^{\mu\nu} = 0 \tag{7.26}$$

und multiplizieren (7.26) mit $g^{\mu\nu}$, sodass sich

$$-\frac{1}{2} g^{\mu\nu} g_{\mu\nu} R + g^{\mu\nu} R_{\mu\nu} = 0$$

$$\Leftrightarrow \quad -\frac{1}{2} \delta^{\mu}_{\mu} R + R = 0$$

$$\Leftrightarrow \quad -\frac{1}{2} \cdot 4R + R = 0$$

$$\Leftrightarrow \quad R = 0 \qquad\qquad\qquad\qquad (7.27)$$

ergibt. Einsetzen von (7.27) in (7.26) liefert

$$R_{\mu\nu} = 0. \qquad\qquad\qquad\qquad (7.28)$$

Da sich (7.28) und (7.1) entsprechen, lässt sich aus dem Ansatz (7.24) die verallgemeinerte Laplace-Gleichung bestimmen.

Es bleibt damit zu zeigen, dass sich (7.24) im Fall schwacher, statischer Gravitationsfelder auf die Poisson-Gleichung (2.6) reduziert.

Dazu multiplizieren wir (7.24) zunächst mit $g^{\mu\nu}$ und erhalten analog zu (7.27) die Gleichung

$$-\frac{1}{2} g^{\mu\nu} g_{\mu\nu} R + g^{\mu\nu} R_{\mu\nu} = -\frac{8\pi G}{c^4} g^{\mu\nu} T_{\mu\nu}$$

$$\Leftrightarrow \quad R = \frac{8\pi G}{c^4} T. \qquad\qquad\qquad\qquad (7.29)$$

Einsetzen von (7.29) in (7.24) liefert

$$-\frac{1}{2} g_{\mu\nu} \frac{8\pi G}{c^4} T + R_{\mu\nu} = -\frac{8\pi G}{c^4} T_{\mu\nu}$$

$$\Leftrightarrow \quad R_{\mu\nu} = -\frac{8\pi G}{c^4} \left(T_{\mu\nu} - \frac{1}{2} g_{\mu\nu} T \right). \qquad\qquad (7.30)$$

In linearer Näherung reduziert sich $T^{\mu\nu}$ nach (7.12) auf

$$-T_{\mu\nu} \approx T^{\mu\nu} \approx \begin{pmatrix} c^2\rho & 0 & 0 & 0 \\ 0 & 0 & 0 & 0 \\ 0 & 0 & 0 & 0 \\ 0 & 0 & 0 & 0 \end{pmatrix}. \tag{7.31}$$

Aus (5.29) ist uns $g_{\mu\nu} = \eta_{\mu\nu} + h_{\mu\nu}$ bekannt. Wie aber sieht die Approximation von $g^{\mu\nu}$ aus? Wir wählen dazu den Ansatz

$$g^{\mu\nu} = \eta^{\mu\nu} + \chi^{\mu\nu}. \tag{7.32}$$

Wegen (5.12) gilt

$$\begin{aligned} g^{\mu\nu}g_{\nu\kappa} &= (\eta^{\mu\nu} + \chi^{\mu\nu})(\eta_{\nu\kappa} + h_{\nu\kappa}) \\[2mm] &= \eta^{\mu\nu}\eta_{\nu\kappa} + \chi^{\mu\nu}\eta_{\nu\kappa} + \chi^{\mu\nu}h_{\nu\kappa} + \eta^{\mu\nu}h_{\nu\kappa} \\[2mm] &= \delta^\mu_\kappa + \chi^\mu{}_\kappa + \chi^{\mu\nu}h_{\nu\kappa} + h^\mu{}_\kappa \\[2mm] &\overset{!}{=} \delta^\mu_\kappa. \end{aligned} \tag{7.33}$$

Aus (7.33) und dem betrachteten Fall schwacher, statischer Felder mit

$$\lim_{r\to\infty} h_{\mu\nu} \overset{(5.30)}{=} 0 \tag{7.34}$$

folgt

$$\delta^\mu_\kappa + \chi^\mu{}_\kappa + \chi^{\mu\nu}h_{\nu\kappa} + h^\mu{}_\kappa = \delta^\mu_\kappa \overset{(7.34)}{\implies} \chi^{\mu\nu} \approx -h^{\mu\nu}. \tag{7.35}$$

Wir können nun (7.35) in (7.32) einsetzen und erhalten damit näherungsweise

$$g^{\mu\nu} = \eta^{\mu\nu} - h^{\mu\nu}. \tag{7.36}$$

Mit (5.29) und (7.36) wollen wir nun die Christoffel-Symbole (5.26) ausdrücken.

Es ergibt sich

$$\Gamma^\kappa{}_{\mu\nu} \quad = \quad \frac{g^{\kappa\sigma}}{2}\left(g_{\sigma\mu,\nu} + g_{\sigma\nu,\mu} - g_{\mu\nu,\sigma}\right)$$

$$\overset{(5.29)}{=} \quad \frac{g^{\kappa\sigma}}{2}\left[(h+\eta)_{\sigma\mu,\nu} + (h+\eta)_{\sigma\nu,\mu} - (h+\eta)_{\mu\nu,\sigma}\right]$$

$$= \quad \frac{g^{\kappa\sigma}}{2}\left(h_{\sigma\mu,\nu} + h_{\sigma\nu,\mu} - h_{\mu\nu,\sigma}\right)$$

$$\overset{(7.36)}{=} \quad \frac{\eta^{\kappa\sigma}}{2}\left(h_{\sigma\mu,\nu} + h_{\sigma\nu,\mu} - h_{\mu\nu,\sigma}\right)$$

$$\quad\quad - \frac{h^{\kappa\sigma}}{2}\left(h_{\sigma\mu,\nu} + h_{\sigma\nu,\mu} - h_{\mu\nu,\sigma}\right)$$

$$\approx \quad \frac{\eta^{\kappa\sigma}}{2}\left(h_{\sigma\mu,\nu} + h_{\sigma\nu,\mu} - h_{\mu\nu,\sigma}\right). \tag{7.37}$$

In der dritten Zeile von (7.37) wurde die Koordinatenunabhängigkeit von $\eta_{\mu\nu}$ ausgenutzt und im letzten Schritt nur die lineare Näherung betrachtet, bei der Terme, die quadratisch in $h_{\mu\nu}$ sind, ignoriert werden.

Wir können nun den Ricci-Tensor über (7.37) ausdrücken und ignorieren dabei wieder Terme, die quadratisch in $h_{\mu\nu}$ sind, sodass wir

$$
\begin{aligned}
R_{\mu\nu} &= \Gamma^\kappa{}_{\mu\nu,\kappa} - \Gamma^\kappa{}_{\mu\kappa,\nu} + \Gamma^\kappa{}_{\rho\kappa}\Gamma^\rho{}_{\mu\nu} - \Gamma^\kappa{}_{\rho\nu}\Gamma^\rho{}_{\mu\kappa} \\[2ex]
&\approx \frac{\eta^{\kappa\sigma}}{2}\left(h_{\sigma\mu,\nu\kappa} + h_{\sigma\nu,\mu\kappa} - h_{\mu\nu,\sigma\kappa}\right) \\[2ex]
&\quad -\frac{\eta^{\kappa\sigma}}{2}\left(h_{\sigma\mu,\kappa\nu} + h_{\sigma\kappa,\mu\nu} - h_{\mu\kappa,\sigma\nu}\right) \\[2ex]
&= \frac{\eta^{\kappa\sigma}}{2}\left(h_{\sigma\mu,\nu\kappa} + h_{\sigma\nu,\mu\kappa} - h_{\mu\nu,\sigma\kappa} - h_{\sigma\mu,\kappa\nu} - h_{\sigma\kappa,\mu\nu}\right) \\[2ex]
&\quad +\frac{\eta^{\kappa\sigma}}{2}\left(h_{\mu\kappa,\sigma\nu}\right) \\[2ex]
&= \frac{\eta^{\kappa\sigma}}{2}\left(h_{\sigma\mu,\nu\kappa} - h_{\sigma\mu,\nu\kappa} + h_{\sigma\nu,\mu\kappa} + h_{\mu\kappa,\sigma\nu} - h_{\mu\nu,\sigma\kappa}\right) \\[2ex]
&\quad -\frac{\eta^{\kappa\sigma}}{2}\left(h_{\sigma\kappa,\mu\nu}\right) \\[2ex]
&= \frac{\eta^{\kappa\sigma}}{2}\left(h_{\sigma\nu,\mu\kappa} + h_{\mu\kappa,\sigma\nu} - h_{\mu\nu,\sigma\kappa} - h_{\sigma\kappa,\mu\nu}\right) \qquad (7.38)
\end{aligned}
$$

erhalten.

Im statischen Fall dominiert die 00-Komponente von (7.38), sodass nur

$$
R_{00} = \frac{\eta^{\kappa\sigma}}{2}\left(h_{\sigma0,0\kappa} + h_{0\kappa,\sigma0} - h_{00,\sigma\kappa} - h_{\sigma\kappa,00}\right) \qquad (7.39)
$$

betrachtet wird. Terme, die nach $x^0 = ct$ abgeleitet werden, verschwinden aufgrund des betrachteten statischen Falls.

Somit ergibt sich

$$R_{00} = -\frac{\eta^{\kappa\sigma}}{2}h_{00,\sigma\kappa} = -\frac{\eta^{ks}}{2}h_{00,sk} = \frac{1}{2}h_{00,k}{}^{k}$$

$$= -\frac{1}{2}\Delta h_{00}$$

$$\overset{(5.39)}{=} -\frac{\Delta\Phi}{c^2}. \tag{7.40}$$

Mit (7.31) und (7.40) erhalten wir aus (7.30)

$$R_{00} = -\frac{8\pi G}{c^4}\left(T_{00} - \frac{1}{2}g_{00}T^0{}_0\right)$$

$$\Leftrightarrow \quad R_{00} = -\frac{8\pi G}{c^4}\left(T_{00} - \frac{1}{2}T_{00}\right)$$

$$\Leftrightarrow \quad R_{00} = -\frac{4\pi G}{c^4}T_{00}$$

$$\overset{(7.31)}{\Leftrightarrow} \quad -\frac{\Delta\Phi}{c^2} = -\frac{4\pi G}{c^2}\rho$$

$$\Leftrightarrow \quad \Delta\Phi = 4\pi G\rho. \tag{7.41}$$

Offensichtlich entspricht (7.41) der Poisson-Gleichung (2.6), sodass mit (7.24) der korrekte Ansatz zur Verallgemeinerung der Poisson- und der Laplace-Gleichung gefunden ist. Infolgedessen haben wir mit (7.24) und der Umformung in (7.30) die Einstein'schen Feldgleichungen gefunden.

Alternativ könnte man die Feldgleichungen auch aus der Lagrange-Dichte und dem Variationsprinzip entwickeln. Die Feldgleichungen ließen sich somit auch aus dem Prinzip der kleinsten Wirkung bestimmen.[102]

Aus den gefundenen Feldgleichungen lässt sich ableiten, dass die durch die $g_{\mu\nu}$ beschriebene Krümmung der Raumzeit durch die Feldgleichungen festgelegt ist. Damit ist auch die Bahn eines Teilchens im Gravitationsfeld festgelegt: Teilchen

---

[102]   Zur Herleitung siehe §15 aus (Einstein, 1916).

bewegen sich in der durch Masse gekrümmten Raumzeit auf Geodäten. Gravitation ist damit die durch Masse beeinflusste Krümmung der Raumzeit und die daraus resultierende Festlegung der Geodäten. Wheeler fasst diesen Zusammenhang wie folgt zusammen: „Space acts in matter, telling it how to move. In turn, matter reacts back on space, telling it how to curve" (Misner, Thorne und Wheeler, 1973, S. 5). Dadurch sind die Bewegungs-Gleichungen der ART im Gegensatz zur ED Folgerungen aus den Feldgleichungen.

Bei dieser Beschreibung ist jedoch darauf zu achten, dass zwischen den betrachteten Massen unterschieden werden muss. Massen, die für die Krümmung der Raumzeit verantwortlich sind, sind betragsmäßig wesentlich größer als jene, die sich auf Geodäten bewegen und nur einen verschwindend geringen Beitrag zur Krümmung der Raumzeit leisten. Der Leser stelle sich beispielsweise die Erde und einen sie umkreisenden Satelliten vor. In diesem Beispiel ist offensichtlich die Masse der Erde für die Krümmung der Raumzeit verantwortlich, wohingegen sich der Satellit lediglich in der Näherung auf der aus der Krümmung hervorgehenden Geodäte bewegt.

Betrachten wir den Fall von zwei Massen, die beide die Raumzeit krümmen, so wird die Beschreibung der Bewegungen wesentlich komplizierter. Wegen dieser Selbstwechselwirkung müssen die allgemeinen Einstein'schen Feldgleichungen von nicht-linearer Struktur sein.

7.4 Alternative Feldtheorien

7.4.1 Modifizierte Feldgleichungen

Die in Abschnitt 7.3 aufgestellten Feldgleichungen wurden in Analogie zur ED hergeleitet und mussten deshalb bestimmten Forderungen genügen. Die Definition von $G_{\mu\nu}$ erfolgte jedoch mehr oder weniger willkürlich. Denkbar wäre eine Modifikation von $G_{\mu\nu}$ in der Art, dass zusätzliche Terme in $G_{\mu\nu}$ auftauchen[103], die linear in $g_{\mu\nu}$ sind. Außerdem könnten weitere Felder eingeführt werden.

---

[103]   Die sogenannte Brans-Dicke-Theorie führt zusätzliche skalare Felder ein. Die daraus resultierenden Feldgleichungen finden sich in (Van Den Bergh, 1980) oder in Abschnitt 7.3 aus (Weinberg, 1972).

So ließe sich zum Beispiel $G_{\mu\nu}$ durch einen in $g_{\mu\nu}$ linearen Zusatzterm dahingehend modifizieren, dass daraus die Feldgleichungen

$$\frac{1}{2}g_{\mu\nu}R - R_{\mu\nu} - \Lambda g_{\mu\nu} = -\frac{8\pi G}{c^4}T_{\mu\nu} \tag{7.42}$$

mit dem Riemann-Skalar Λ resultierten. Man nennt Λ auch kosmologische Konstante. Damit die Reduktion von (7.42) auf den Newton'schen Grenzfall nach dem Korrespondenzprinzip gewährleistet ist, muss Λ sehr klein sein und wird deswegen nur bei der Betrachtung kosmologischer Phänomene wie der Expansion des Universums betrachtet.[104]

Die Einführung zusätzlicher Felder neben $g_{\mu\nu}$ hätte zur Folge, dass sich die Feldgleichungen und damit die Wechselwirkung zwischen Feld und Materie ändern und daher das Äquivalenzprinzip verletzt würde. Die Einstein'sche Theorie wird aktuell mit einer Genauigkeit von 10^{-13} für das Äquivalenzprinzip[105] bestätigt. Die MICROSCOPE[106] Mission soll 2018 das Äquivalenzprinzip sogar mit einer Genauigkeit von 10^{-15} bestätigen.[107] Es gibt aber Theorien[108], die neue zur Gravitation beitragende Felder postulieren und das Äquivalenzprinzip in der Größenordnung $< 10^{-15}$ verletzen[109]. Es muss deshalb eine allgemeinere Theorie existieren, in der die ART nur ein Grenzfall ist. Erwartet wird, dass diese noch allgemeinere Theorie eine Quantengravitationstheorie ist.

7.4.2   Quantisierte Feldgleichungen

Wie wir bereits festgestellt haben, weisen die ART und die ED strukturelle Ähnlichkeiten auf. Deshalb zählt die ART, ebenso wie die ED, zu den klassischen Feldtheorien. In der ED ist es zur Beschreibung mancher physikalischer Phänomene, beispielsweise zur Erklärung des Photoeffekts, notwendig das Feld zu quantisieren

---

[104]   Um einen Überblick über die Bedeutung der kosmologischen Konstante zu erhalten, lohnt sich ein Blick in Kapitel 48 aus (Baker, 2009).

[105]   Siehe Abschnitt 2.2 dieser Arbeit.

[106]   MICROSCOPE steht für „Micro-Satellite à traînée Compensée pour l'Observation du Principe d'Equivalence".

[107]   Siehe dazu auch (Le Gall, 2016).

[108]   Dazu zählen z.B. die Kaluza-Klein-Theorie, die String-Theorie und supersymmetrische Theorien. Siehe dazu auch Abschnitt 22 aus (Fließbach, 2012a).

[109]   Weitere Informationen zu den Grenzen der Gültigkeit des Äquivalenzprinzips finden sich in (Soffel und Bührke, 1992) und (Lämmerzahl und Dittus, 1999).

und zur Quantenelektrodynamik (QED) überzugehen. Aufgrund der Analogien von Gravitationstheorie und Elektromagnetismus wäre es deshalb durchaus denkbar in ähnlicher Weise auch die ART zu quantisieren. Zurzeit existiert jedoch noch keine vollständige und konsistente quantenmechanische Gravitationstheorie[110]. Schwierigkeiten bereiten unter anderem die Feldgleichungen der ART, die im Gegensatz zur ED von nicht-linearer Struktur sind. Hinzu kommt, dass relevante gravitative Quanteneffekte erst auf der Skala der Planck-Einheiten[111], nach Max Planck[112], auftreten könnten. Diese Größenordnungen liegen jenseits des technisch Erreichbaren, sodass keine Experimente zur Untersuchung etwaiger Quantenphänomene möglich sind.

Zur Vereinigung der Elementarkräfte[113] Gravitation, elektromagnetische Wechselwirkung, starke Wechselwirkung und schwache Wechselwirkung bedarf es jedoch einer Quantisierung der Gravitation, da für die anderen Elementarkräfte bereits quantisierte Theorien existieren. Die Quantengravitation ist daher von fundamentalem Interesse für die theoretische Physik.

---

[110] Zur Theorie der Quantengravitation und den auftretenden Problemen siehe auch Abschnitt 12.3 aus (Ellwanger, 2015).

[111] Die Planck-Einheiten werden aus verschiedenen Naturkonstanten gebildet. Planck führt sie erstmals in (Planck, 1900, S. 122) ein.

[112] [1858-1947]

[113] Einen physikalisch-historischen Überblick zur „Theory of Everything" liefert Kapitel 17 aus (Pais, 1982).

8 Schwarzschild-Metrik: statische Gravitationsfelder

8.1 Schwarzschild-Lösung

Wir möchten im Folgenden einen Spezialfall betrachten, in dem die Einstein'schen Feldgleichungen analytisch exakt gelöst werden können. Dazu betrachten wir das statische Gravitationsfeld einer kugelsymmetrischen Massenverteilung, weil sich damit in sehr guter Näherung Himmelskörper in unserem Sonnensystem beschreiben lassen. Als zusätzliche Einschränkung betrachten wir dabei nur den Außenraum der Massenverteilung. Wie können wir nun die passende Metrik ds^2 und damit die Lösung der Feldgleichungen in diesem Spezialfall finden?

Wir verlangen von der sphärisch-symmetrischen Lösung der Einstein'schen Feldgleichungen (7.24), dass sie im nicht-relativistischen Grenzfall in (2.12) übergeht. Für $r \to \infty$ geht (2.12) gegen Null. Die gesuchte Metrik muss damit für $r \to \infty$ in die Minkowski-Metrik

$$ds^2 = c^2 dt^2 - dr^2 - r^2(d\theta^2 + \sin^2\theta \, d\phi^2) \qquad (8.1)$$

übergehen. Dabei sind r, ϕ und θ Kugelkoordinaten und t ist die Zeit-Koordinate. Für die entsprechenden Ableitungen gilt

$$\frac{\partial}{\partial x^\mu} = \left(\frac{\partial}{\partial (ct)}, \frac{\partial}{\partial r}, \frac{\partial}{\partial \theta}, \frac{\partial}{\partial \phi} \right). \qquad (8.2)$$

Da wir nur statische Gravitationsfelder betrachten, ist $g_{\mu\nu}$ unabhängig von x^0 und ds^2 damit invariant unter einer Zeitumkehr $x^0 \to -x^0$. Folglich fallen alle Terme mit $dx^i dx^0$ aus ds^2 heraus, sodass $g_{i0} = g_{0i}$ gilt.

Unter diesen Voraussetzungen lautet das allgemeine Wegelement eines sphärisch-symmetrischen, statischen Gravitationsfelds

$$ds^2 = U(r)c^2 dt^2 - V(r)dr^2 - W(r)r^2(d\theta^2 + \sin^2\theta \, d\phi^2). \qquad (8.3)$$

Die Koeffizienten $U(r), V(r)$ und $W(r)$ können wegen der vorausgesetzten Isotropie des sphärisch-symmetrischen, statischen Gravitationsfeldes und der damit verbundenen Zeitunabhängigkeit nicht von ϕ, θ oder t abhängen. Da die Koordinaten in verschiedenen Punkten nicht voneinander abhängen und damit alle Punkte wie die Punkte auf einer Kugeloberfläche gleichberechtigt sind, können wir die Koordinaten so wählen, dass $W(r) = 1$ gilt. Damit reduziert sich (8.3) auf die sogenannte Standardform

$$ds^2 = U(r)c^2dt^2 - V(r)dr^2 - r^2(d\theta^2 + \sin^2\theta\, d\phi^2). \tag{8.4}$$

Damit (8.4) für $r \to \infty$ in (8.1) übergeht, muss

$$\lim_{r \to \infty} U(r) = \lim_{r \to \infty} V(r) = 1 \tag{8.5}$$

gelten. Um (8.5) zu erfüllen, wählen wir den Ansatz

$$U(r) = \exp[2\nu(r)], \qquad V(r) = \exp[2\lambda(r)]. \tag{8.6}$$

Mit diesem Ansatz gilt insbesondere

$$\lim_{r \to \infty} \nu(r) = \lim_{r \to \infty} \lambda(r) = 0. \tag{8.7}$$

Damit wird (8.4) zu

$$ds^2 = \exp[2\nu(r)]\, c^2dt^2 - \exp[2\lambda(r)]\, dr^2$$

$$-r^2(d\theta^2 + \sin^2\theta\, d\phi^2). \tag{8.8}$$

Wir lesen nun den kovarianten und den kontravarianten metrischen Tensor aus (8.8) ab. Es ergibt sich

$$g_{\mu\nu} = \begin{pmatrix} \exp[2\nu(r)] & 0 & 0 & 0 \\ 0 & -\exp[2\lambda(r)] & 0 & 0 \\ 0 & 0 & -r^2 & 0 \\ 0 & 0 & 0 & -r^2\sin^2\theta \end{pmatrix} \tag{8.9}$$

bzw.

$$g^{\mu\nu} = \begin{pmatrix} \exp[-2\nu(r)] & 0 & 0 & 0 \\ 0 & -\exp[-2\lambda(r)] & 0 & 0 \\ 0 & 0 & -\dfrac{1}{r^2} & 0 \\ 0 & 0 & 0 & -\dfrac{1}{r^2\sin^2\theta} \end{pmatrix}. \tag{8.10}$$

Die Fälle $r = 0$ und $\theta = n\pi$, $n \in \mathbb{Z}$ sind von der Betrachtung auszuschließen, da sie zu Singularitäten in $g^{\mu\nu}$ führen. Wir stellen zudem fest, dass die $g_{\mu\nu}$ nur von r und die 33-Komponente des metrischen Tensors zusätzlich noch von θ abhängig ist. Damit gilt für die Ableitungen

$$g_{\mu\nu,0} = 0, \qquad g_{\mu\nu,3} = 0. \tag{8.11}$$

Zudem gilt auch, außer für die 33-Komponente,

$$g_{\mu\nu,2} = 0, \qquad (\mu,\nu) \neq (3,3). \tag{8.12}$$

Da $g_{\mu\nu}$ und $g^{\mu\nu}$ nur Einträge auf der Diagonalen haben, gilt insbesondere

$$g^{\mu\nu} = g_{\mu\nu} = 0, \qquad \mu \neq \nu. \tag{8.13}$$

Damit gilt für alle Christoffel-Symbole

$$\Gamma^{\kappa}{}_{\mu\lambda} = 0, \qquad \kappa \neq \mu \neq \lambda. \tag{8.14}$$

Mit (8.9)–(8.14) können nun die Christoffel-Symbole nach (5.26) berechnet werden.

Es ergeben sich

$$
\begin{aligned}
\Gamma^{i}{}_{00} &= \frac{g^{i\sigma}}{2}\left(g_{0\sigma,0} + g_{0\sigma,0} - g_{00,\sigma}\right) \\[2mm]
&= -\frac{g^{i\sigma}}{2}g_{00,\sigma} = -\frac{g^{i1}}{2}g_{00,1} = -\delta^{i1}\frac{g^{11}}{2}g_{00,1} \\[2mm]
&= \delta^{i1}\frac{\exp[-2\lambda(r)]}{2}\frac{\partial}{\partial r}\exp[2\nu(r)] \\[2mm]
&= \delta^{i1}\nu'(r)\exp[2\nu(r) - 2\lambda(r)], \tag{8.15}
\end{aligned}
$$

$$
\begin{aligned}
\Gamma^{0}{}_{i0} = \Gamma^{0}{}_{0i} &= \frac{g^{0\nu}}{2}\left(g_{i\nu,0} + g_{0\nu,i} - g_{i0,\nu}\right) \\[2mm]
&= \frac{g^{00}}{2}\left(g_{00,i} - g_{i0,0}\right) = \delta_{i1}\frac{g^{00}}{2}g_{00,1} \\[2mm]
&= \delta_{i1}\frac{\exp[-2\nu(r)]}{2}\frac{\partial}{\partial r}\exp[2\nu(r)] \\[2mm]
&= \delta_{i1}\nu'(r), \tag{8.16}
\end{aligned}
$$

$$\Gamma^i_{\ 11} = \frac{g^{i\sigma}}{2}\left(g_{1\sigma,1} + g_{1\sigma,1} - g_{11,\sigma}\right)$$

$$= \frac{g^{i1}}{2}\left(g_{11,1} + g_{11,1} - g_{11,1}\right)$$

$$= \delta^{i1}\frac{\exp[-2\lambda(r)]}{2}\frac{\partial}{\partial r}\exp[2\lambda(r)]$$

$$= \delta^{i1}\lambda'(r), \tag{8.17}$$

$$\Gamma^i_{\ 22} = \frac{g^{i\sigma}}{2}\left(g_{2\sigma,2} + g_{2\sigma,2} - g_{22,\sigma}\right)$$

$$= -\frac{g^{i\sigma}}{2}g_{22,\sigma} = -\delta^{i1}\frac{g^{11}}{2}g_{22,1}$$

$$= -\delta^{i1}\frac{\exp[-2\lambda(r)]}{2}\frac{\partial}{\partial r}r^2$$

$$= -\delta^{i1}r\exp[-2\lambda(r)], \tag{8.18}$$

$$\Gamma^i_{\ 33} = \frac{g^{i\sigma}}{2}\left(g_{3\sigma,3} + g_{3\sigma,3} - g_{33,\sigma}\right)$$

$$= -\frac{g^{i\sigma}}{2}g_{33,\sigma} = -\delta^{i1}\frac{g^{11}}{2}g_{33,1} - \delta^{i2}\frac{g^{22}}{2}g_{33,2}$$

$$= -\delta^{i1}\frac{\exp[-2\lambda(r)]}{2}\frac{\partial}{\partial r}r^2\sin^2\theta - \delta^{i2}\frac{1}{2r^2}\frac{\partial}{\partial\theta}r^2\sin^2\theta$$

$$= -\delta^{i1}r\sin^2\theta\exp[-2\lambda(r)] - \delta^{i2}\sin\theta\cos\theta, \tag{8.19}$$

$$\Gamma^i_{\ 1i} = \frac{g^{i\sigma}}{2}\left(g_{1\sigma,i} + g_{i\sigma,1} - g_{1i,\sigma}\right)$$

$$= \frac{g^{i\sigma}}{2}g_{1\sigma,i} + \frac{g^{i\sigma}}{2}g_{i\sigma,1} - \frac{g^{i\sigma}}{2}g_{1i,\sigma}$$

$$= \frac{g^{i1}}{2}g_{11,i} + \frac{g^{ij}}{2}g_{ij,1} - \delta_{1i}\frac{g^{1\sigma}}{2}g_{11,\sigma}$$

$$= \delta_{1i}\frac{g^{11}}{2}g_{11,1} + \frac{g^{ij}}{2}g_{ij,1} - \delta_{1i}\frac{g^{11}}{2}g_{11,1} = \frac{g^{ij}}{2}g_{ij,1}$$

$$= \delta^{1i}\frac{g^{11}}{2}g_{11,1} + \delta^{2i}\frac{g^{22}}{2}g_{22,1} + \delta^{3i}\frac{g^{33}}{2}g_{33,1}$$

$$= \delta^{1i}\frac{\exp[-2\lambda(r)]}{2}\frac{\partial}{\partial r}\exp 2\lambda(r) + \delta^{2i}\frac{1}{2r^2}\frac{\partial}{\partial r}r^2$$

$$+\delta^{3i}\frac{1}{2r^2\sin^2\theta}\frac{\partial}{\partial r}r^2\sin^2\theta$$

$$= \delta^{1i}\lambda'(r) + \delta^{2i}\frac{1}{r} + \delta^{3i}\frac{1}{r}, \tag{8.20}$$

$$\Gamma^i_{\ 2i} = \frac{g^{i\sigma}}{2}\left(g_{2\sigma,i} + g_{i\sigma,2} - g_{2i,\sigma}\right)$$

$$= \frac{g^{i2}}{2}g_{22,i} + \frac{g^{ij}}{2}g_{ij,2} - \frac{g^{2\sigma}}{2}g_{22,\sigma}$$

$$= \delta^{i3}\frac{g^{33}}{2}g_{33,2}$$

$$= \delta^{i3}\frac{1}{2r^2\sin^2\theta}\frac{\partial}{\partial\theta}r^2\sin^2\theta$$

$$= \delta^{i3}\frac{\cos\theta}{\sin\theta}, \tag{8.21}$$

und

$$\Gamma^i{}_{3i} = \frac{g^{i\sigma}}{2}\left(g_{3\sigma,i} + g_{i\sigma,3} - g_{3i,\sigma}\right)$$

$$= \frac{g^{i\sigma}}{2}g_{3\sigma,i} + \frac{g^{i\sigma}}{2}g_{i\sigma,3} - \frac{g^{i\sigma}}{2}g_{3i,\sigma}$$

$$= \delta^{i3}\frac{g^{33}}{2}g_{33,3} + \frac{g^{ij}}{2}g_{ij,3} - \delta^{i3}\frac{g^{3j}}{2}g_{33,j}$$

$$= \delta^{i3}\frac{g^{33}}{2}g_{33,3} + \frac{g^{ij}}{2}g_{ij,3} - \delta^{i3}\frac{g^{33}}{2}g_{33,3}$$

$$= 0, \tag{8.22}$$

da $g_{\mu\nu}$ gar nicht von ϕ abhängt.

Zusammenfassend ergibt sich

$$\Gamma^0{}_{10} = \Gamma^0{}_{01} = \nu',$$

$$\Gamma^1{}_{00} = \nu'e^{2\nu-2\lambda}, \qquad \Gamma^1{}_{11} = \lambda', \qquad \Gamma^1{}_{22} = -re^{-2\lambda},$$

$$\Gamma^1{}_{33} = -r\sin^2\theta\, e^{-2\lambda},$$

$$\Gamma^2{}_{12} = \Gamma^2{}_{21} = \frac{1}{r}, \qquad \Gamma^2{}_{33} = -\sin\theta\cos\theta,$$

$$\Gamma^3{}_{13} = \Gamma^3{}_{31} = \frac{1}{r}, \qquad \Gamma^3{}_{23} = \Gamma^3{}_{32} = \frac{\cos\theta}{\sin\theta},$$

$$\Gamma^\kappa{}_{\mu\lambda} = 0 \text{ sonst.} \tag{8.23}$$

Wir wollen nun mit der Berechnung des Ricci-Tensors fortfahren. Dabei gilt wegen (8.14)

$$R_{\mu\nu} = 0, \qquad \mu \neq \nu. \tag{8.24}$$

Zudem stellen wir fest, dass die berechneten Christoffel-Symbole nur von r und θ abhängen und deshalb für die Ableitungen

$$\Gamma^\kappa{}_{\mu\nu,0} = \Gamma^\kappa{}_{\mu\nu,3} = 0 \tag{8.25}$$

gilt. Für alle Christoffel-Symbole, bis auf $\Gamma^1{}_{33}$, $\Gamma^2{}_{33}$ und $\Gamma^3{}_{23} = \Gamma^3{}_{32}$, gilt zudem

$$\Gamma^\kappa{}_{\mu\nu,2} = 0. \tag{8.26}$$

Mithilfe von (8.23)–(8.26) kann nun der Ricci-Tensor nach (6.50) berechnet werden.

Es ergeben sich die Komponenten

$$R_{00} = \Gamma^\kappa{}_{00,\kappa} - \Gamma^\kappa{}_{0\kappa,0} + \Gamma^\kappa{}_{\rho\kappa}\Gamma^\rho{}_{00} - \Gamma^\kappa{}_{\rho 0}\Gamma^\rho{}_{0\kappa}$$

$$= \Gamma^i{}_{00,i} + \Gamma^\kappa{}_{\rho\kappa}\Gamma^\rho{}_{00} - \Gamma^\kappa{}_{\rho 0}\Gamma^\rho{}_{0\kappa}$$

$$= \Gamma^1{}_{00,1} + \Gamma^\kappa{}_{1\kappa}\Gamma^1{}_{00} - \Gamma^\kappa{}_{\rho 0}\Gamma^\rho{}_{0\kappa}$$

$$= \Gamma^1{}_{00,1}$$

$$+ \Gamma^1{}_{00}\left(\Gamma^0{}_{10} + \Gamma^1{}_{11} + \Gamma^2{}_{12} + \Gamma^3{}_{13}\right) - \Gamma^\kappa{}_{\rho 0}\Gamma^\rho{}_{0\kappa}$$

$$= \frac{\partial}{\partial r}\left(v' e^{2v-2\lambda}\right) + v' e^{2v-2\lambda}\left(v' + \lambda' + \frac{1}{r} + \frac{1}{r}\right)$$

$$- \Gamma^\kappa{}_{\rho 0}\Gamma^\rho{}_{0\kappa}$$

$$= e^{2v-2\lambda}(v'' + 2v'^2 - 2\lambda' v') + v' e^{2v-2\lambda}\left(v' + \lambda' + \frac{2}{r}\right)$$

$$- \Gamma^1{}_{00}\Gamma^0{}_{01} - \Gamma^0{}_{10}\Gamma^1{}_{00}$$

$$= e^{2\nu-2\lambda}\left(\nu'' + 2\nu'^2 - 2\lambda'\nu' + \nu'^2 + \nu'\lambda' + \nu'\frac{2}{r}\right)$$

$$-\nu'^2 e^{2\nu-2\lambda} - \nu'^2 e^{2\nu-2\lambda}$$

$$= e^{2\nu-2\lambda}\left(\nu'' + 3\nu'^2 - \lambda'\nu' + \nu'\frac{2}{r} - 2\nu'^2\right)$$

$$= e^{2\nu-2\lambda}\left(\nu'' + \nu'^2 - \lambda'\nu' + \nu'\frac{2}{r}\right), \tag{8.27}$$

$$R_{11} = \Gamma^{\kappa}{}_{11,\kappa} - \Gamma^{\kappa}{}_{1\kappa,1} + \Gamma^{\kappa}{}_{\rho\kappa}\Gamma^{\rho}{}_{11} - \Gamma^{\kappa}{}_{\rho1}\Gamma^{\rho}{}_{1\kappa}$$

$$= \Gamma^{1}{}_{11,1} - \Gamma^{\kappa}{}_{1\kappa,1} + \Gamma^{\kappa}{}_{1\kappa}\Gamma^{1}{}_{11} - \Gamma^{\kappa}{}_{\rho1}\Gamma^{\rho}{}_{1\kappa}$$

$$= \lambda'' - \left(\Gamma^{0}{}_{10,1} + \Gamma^{1}{}_{11,1} + \Gamma^{2}{}_{12,1} + \Gamma^{3}{}_{13,1}\right)$$

$$+\left(\Gamma^{0}{}_{10} + \Gamma^{1}{}_{11} + \Gamma^{2}{}_{12} + \Gamma^{3}{}_{13}\right)\lambda' - \Gamma^{\kappa}{}_{\rho1}\Gamma^{\rho}{}_{1\kappa}$$

$$= \lambda'' - \left(\nu'' + \lambda'' - \frac{1}{r^2} - \frac{1}{r^2}\right) + \left(\nu' + \lambda' + \frac{1}{r} + \frac{1}{r}\right)\lambda'$$

$$- \left(\Gamma^{0}{}_{\rho1}\Gamma^{\rho}{}_{10} + \Gamma^{1}{}_{\rho1}\Gamma^{\rho}{}_{11} + \Gamma^{2}{}_{\rho1}\Gamma^{\rho}{}_{12} + \Gamma^{3}{}_{\rho1}\Gamma^{\rho}{}_{13}\right)$$

$$= -\nu'' + \frac{2}{r^2} + \nu'\lambda' + \lambda'^2 + \frac{2}{r}\lambda'$$

$$-\left(\Gamma^0{}_{01}\Gamma^0{}_{10} + \Gamma^1{}_{11}\Gamma^1{}_{11} + \Gamma^2{}_{21}\Gamma^2{}_{12} + \Gamma^3{}_{31}\Gamma^3{}_{13}\right)$$

$$= -\nu'' + \frac{2}{r^2} + \nu'\lambda' + \lambda'^2 + \frac{2}{r}\lambda'$$

$$-\left(\nu'^2 + \lambda'^2 + \frac{1}{r^2} + \frac{1}{r^2}\right)$$

$$= -\nu'' + \frac{2}{r^2} + \nu'\lambda' + \lambda'^2 + \frac{2}{r}\lambda' - \nu'^2 - \lambda'^2 - \frac{2}{r^2}$$

$$= -\nu'' + \nu'\lambda' + \frac{2}{r}\lambda' - \nu'^2, \tag{8.28}$$

$$R_{22} = \Gamma^\kappa{}_{22,\kappa} - \Gamma^\kappa{}_{2\kappa,2} + \Gamma^\kappa{}_{\rho\kappa}\Gamma^\rho{}_{22} - \Gamma^\kappa{}_{\rho 2}\Gamma^\rho{}_{2\kappa}$$

$$= \Gamma^1{}_{22,1} - \Gamma^\kappa{}_{2\kappa,2} + \Gamma^\kappa{}_{1\kappa}\Gamma^1{}_{22} - \Gamma^\kappa{}_{\rho 2}\Gamma^\rho{}_{2\kappa}$$

$$= \frac{\partial}{\partial r}\left(-re^{-2\lambda}\right)$$

$$-\Gamma^3{}_{23,2} - \left(\Gamma^0{}_{10} + \Gamma^1{}_{11} + \Gamma^2{}_{12} + \Gamma^3{}_{13}\right)re^{-2\lambda}$$

$$-\Gamma^\kappa{}_{\rho 2}\Gamma^\rho{}_{2\kappa}$$

$$= -e^{-2\lambda}(1 - 2r\lambda') - \frac{\partial}{\partial\theta}\frac{\cos\theta}{\sin\theta} - \left(v' + \lambda' + \frac{2}{r}\right)re^{-2\lambda}$$

$$-\left(\Gamma^0_{\ \rho 2}\Gamma^\rho_{\ 20} + \Gamma^1_{\ \rho 2}\Gamma^\rho_{\ 12} + \Gamma^2_{\ \rho 2}\Gamma^\rho_{\ 22} + \Gamma^3_{\ \rho 2}\Gamma^\rho_{\ 23}\right)$$

$$= -(v'r + \lambda'r + 2 + 1 - 2r\lambda')e^{-2\lambda}$$

$$-\frac{2}{\cos^2\theta - \sin^2\theta - 1}$$

$$-\left(\Gamma^1_{\ 22}\Gamma^2_{\ 12} + \Gamma^2_{\ 12}\Gamma^1_{\ 22} + \Gamma^3_{\ 32}\Gamma^3_{\ 23}\right)$$

$$= -(v'r + \lambda'r + 3 - 2r\lambda')e^{-2\lambda} - \frac{2}{-2\sin^2\theta}$$

$$-\left(\Gamma^1_{\ 22}\Gamma^2_{\ 12} + \Gamma^2_{\ 12}\Gamma^1_{\ 22} + \Gamma^3_{\ 32}\Gamma^3_{\ 23}\right)$$

$$= -(v'r - \lambda'r + 3)e^{-2\lambda} + \frac{1}{\sin^2\theta} + 2e^{-2\lambda} - \frac{\cos^2\theta}{\sin^2\theta}$$

$$= (-v'r + \lambda'r - 1)e^{-2\lambda} + \frac{\sin^2\theta}{\sin^2\theta}$$

$$= (-v'r + \lambda'r - 1)e^{-2\lambda} + 1 \qquad\qquad (8.29)$$

und

$$R_{33} = \Gamma^\kappa{}_{33,\kappa} - \Gamma^\kappa{}_{3\kappa,3} + \Gamma^\kappa{}_{\rho\kappa}\Gamma^\rho{}_{33} - \Gamma^\kappa{}_{\rho 3}\Gamma^\rho{}_{3\kappa}$$

$$= \Gamma^1{}_{33,1} + \Gamma^2{}_{33,2} + \Gamma^\kappa{}_{1\kappa}\Gamma^1{}_{33} + \Gamma^\kappa{}_{2\kappa}\Gamma^2{}_{33} - \Gamma^\kappa{}_{\rho 3}\Gamma^\rho{}_{3\kappa}$$

$$= \frac{\partial}{\partial r}\left(-r\sin^2\theta\, e^{-2\lambda}\right) + \frac{\partial}{\partial\theta}\left(-\sin\theta\cos\theta\right)$$

$$-r\sin^2\theta\, e^{-2\lambda}\left(\nu' + \lambda' + \frac{2}{r}\right) - \frac{\cos\theta}{\sin\theta}\sin\theta\cos\theta$$

$$-\Gamma^\kappa{}_{\rho 3}\Gamma^\rho{}_{3\kappa}$$

$$= \sin^2\theta\, e^{-2\lambda}(-1 + 2r\lambda') - (\cos^2\theta - \sin^2\theta)$$

$$-\sin^2\theta\, e^{-2\lambda}(r\nu' + r\lambda' + 2) - \cos^2\theta$$

$$-\left(\Gamma^0{}_{\rho 3}\Gamma^\rho{}_{30} + \Gamma^1{}_{\rho 3}\Gamma^\rho{}_{31} + \Gamma^2{}_{\rho 3}\Gamma^\rho{}_{32} + \Gamma^3{}_{\rho 3}\Gamma^\rho{}_{33}\right)$$

$$= \sin^2\theta\, e^{-2\lambda}(-3 + r\lambda' - r\nu') - 2\cos^2\theta + \sin^2\theta$$

$$-\left(\Gamma^1{}_{33}\Gamma^3{}_{13} + \Gamma^2{}_{33}\Gamma^2{}_{32} + \Gamma^3{}_{13}\Gamma^1{}_{33} + \Gamma^3{}_{23}\Gamma^2{}_{33}\right)$$

$$= \quad \sin^2\theta \, e^{-2\lambda}(-3 + r\lambda' - r\nu') - 2\cos^2\theta + \sin^2\theta$$

$$-\left(-2r\sin^2\theta \, e^{-2\lambda}\frac{1}{r} - 2\frac{\cos\theta}{\sin\theta}\sin\theta\cos\theta\right)$$

$$= \quad \sin^2\theta \, e^{-2\lambda}(-3 + r\lambda' - r\nu') - 2\cos^2\theta + \sin^2\theta$$

$$+2r\sin^2\theta \, e^{-2\lambda}\frac{1}{r} + 2\cos^2\theta$$

$$= \quad \sin^2\theta \, e^{-2\lambda}(-1 + r\lambda' - r\nu') + \sin^2\theta$$

$$= \quad R_{22}\sin^2\theta. \tag{8.30}$$

Zusammengefasst lauten die Resultate

$$R_{00} \quad = \quad e^{2\nu-2\lambda}\left(\nu'' + \nu'^2 - \lambda'\nu' + \nu'\frac{2}{r}\right),$$

$$R_{11} \quad = \quad -\nu'' + \nu'\lambda' + \frac{2}{r}\lambda' - \nu'^2,$$

$$R_{22} \quad = \quad (-\nu'r + \lambda'r - 1)e^{-2\lambda} + 1,$$

$$R_{33} \quad = \quad R_{22}\sin^2\theta. \tag{8.31}$$

Aus den Vakuum-Feldgleichungen (7.28) und dem berechneten Ricci-Tensor wollen wir nun die noch unbekannten Funktionen $\nu(r)$ und $\lambda(r)$ bestimmen.

Wir erhalten damit die vier Gleichungen

$$0 = e^{2v-2\lambda}\left(v'' + v'^2 - \lambda'v' + v'\frac{2}{r}\right), \tag{8.32}$$

$$0 = -v'' + v'\lambda' + \frac{2}{r}\lambda' - v'^2, \tag{8.33}$$

$$0 = (-v'r + \lambda'r - 1)e^{-2\lambda} + 1, \tag{8.34}$$

$$0 = 0 \cdot \sin^2\theta = 0. \tag{8.35}$$

Die Umformung von (8.32) und die Addition mit (8.33) ergibt

$$0 = e^{2v-2\lambda}\left(v'' + v'^2 - \lambda'v' + v'\frac{2}{r}\right)$$

$$\overset{e^x \neq 0}{\Leftrightarrow} \quad 0 = v'' + v'^2 - \lambda'v' + v'\frac{2}{r}$$

$$\overset{(8.33)}{\Leftrightarrow} \quad 0 = v'\frac{2}{r} + \frac{2}{r}\lambda'$$

$$\Leftrightarrow \quad 0 = v' + \lambda'$$

$$\Leftrightarrow \quad 0 = v + \lambda$$

$$\Leftrightarrow \quad v = -\lambda. \tag{8.36}$$

Im vorletzten Schritt in (8.36) haben wir integriert. Die Integrationskonstante muss dabei wegen der Randbedingung (8.7) verschwinden und ist damit Null.

Im nächsten Schritt setzen wir (8.36) in (8.34) ein und lösen die Gleichung nach unserem Ansatz (8.6) auf.

Wir erhalten

$$0 = (-\nu' r + \lambda' r - 1)e^{-2\lambda} + 1$$

$$\overset{(8.36)}{\Leftrightarrow} \quad 1 = (\nu' r + \nu' r + 1)e^{2\nu}$$

$$\Leftrightarrow \quad 1 = (2\nu' r + 1)e^{2\nu}$$

$$\Leftrightarrow \quad 1 = \frac{\partial}{\partial r}(re^{2\nu})$$

$$\Leftrightarrow \quad r - 2a = re^{2\nu}$$

$$\Leftrightarrow \quad e^{2\nu} = 1 - \frac{2a}{r}. \tag{8.37}$$

Die aus der Integration im vorletzten Schritt von (8.37) stammende Integrationskonstante bezeichnen wir mit $-2a$. Um a im sphärisch-symmetrischen Fall zu bestimmen, betrachten wir (5.40) und setzen dort das Potential Φ für den sphärisch-symmetrischen Fall (2.12) ein. Das Resultat lautet

$$g_{00} = 1 + \frac{2\Phi}{c^2} = 1 - \frac{2GM}{rc^2}. \tag{8.38}$$

Der Vergleich von (8.38) und g_{00} aus (8.9) zeigt

$$g_{00} \overset{(8.38)}{=} 1 - \frac{2GM}{rc^2} \overset{(8.9)}{=} e^{2\nu} \overset{(8.37)}{=} 1 - \frac{2a}{r} \Leftrightarrow a = \frac{GM}{c^2}. \tag{8.39}$$

Mit (8.36)–(8.39) können wir nun unsere unbekannten Funktionen (8.6) als

$$U(r) = 1 - \frac{2GM}{rc^2}, \quad V(r) = \frac{1}{1 - \frac{2GM}{rc^2}}. \tag{8.40}$$

identifizieren.

Es ergibt sich schließlich mit (8.40) für das gesuchte Wegelement (8.4)

$$ds^2 = \left(1 - \frac{2GM}{rc^2}\right)c^2dt^2 - \left(\frac{1}{1 - \frac{2GM}{rc^2}}\right)dr^2$$

$$-r^2(d\theta^2 + \sin^2\theta\, d\phi^2) \qquad (8.41)$$

und damit für den metrischen Tensor

$$g_{\mu\nu} = \text{diag}\left(1 - \frac{2GM}{rc^2}, -\frac{1}{1 - \frac{2GM}{rc^2}}, -r^2, -r^2\sin^2\theta\right). \qquad (8.42)$$

Mit (8.41) haben wir eine Lösung der statischen und sphärisch-symmetrischen Einstein-Gleichungen gefunden. Die Metrik aus (8.41) wird als Schwarzschild-Metrik (SM) bezeichnet. Anstelle von a ist auch der sogenannte Schwarzschild-Radius r_S gebräuchlich, der als

$$r_S := 2a = \frac{2GM}{c^2} \qquad (8.43)$$

definiert ist. Setzen wir den Schwarzschild-Radius (8.43) in die SM (8.41) ein, erhalten wir das Wegelement

$$ds^2 = \left(1 - \frac{r_S}{r}\right)c^2dt^2 - \left(\frac{1}{1 - \frac{r_S}{r}}\right)dr^2 - r^2(d\theta^2 + \sin^2\theta\, d\phi^2) \qquad (8.44)$$

sowie den metrischen Tensor

$$g_{\mu\nu} = \text{diag}\left(1 - \frac{r_S}{r}, -\frac{1}{1 - \frac{r_S}{r}}, -r^2, -r^2\sin^2\theta\right). \qquad (8.45)$$

Wie wir nun feststellen können, geht (8.44) für $r \to \infty$ wie gewünscht in die Minkowski-Metrik über. Zu bemerken ist, dass diese Lösung eine exakte Lösung der Einstein'schen Feldgleichungen für die betrachtete Geometrie ist. Wir erinnern uns aber an die Einschränkung, dass die SM nur außerhalb eines Objektes mit der Masse M gilt, und zudem die Massenverteilung innerhalb dieses Objektes nicht thematisiert wird.

Ferner haben wir nur den statischen Fall betrachtet. Betrachtet man nun einen radial pulsierenden Stern, so ist festzustellen, dass für diesen Fall trotz der zusätzlichen

Zeitabhängigkeit dieselbe Metrik (8.44) resultiert.[114] Damit ist das Gravitationsfeld eines radial pulsierenden Sterns das gleiche wie das eines ruhenden. Radial pulsierende Sterne emittieren folglich keine gravitative Strahlung[115].

Weiterhin erhalten wir für den Fall $r = r_S$ scheinbar eine Singularität im Koeffizienten von dr^2 in (8.44). Die physikalische Interpretation dieser Singularität wollen wir im weiteren Verlauf näher betrachten.

8.2   Schwarzschild-Radius

Zunächst wollen wir die Größenordnung von r_S in unserem Sonnensystem bestimmen. Dazu setzen wir in (8.43) für M die Sonnenmasse M_S [116] ein und erhalten damit den Schwarzschild-Radius

$$r_S = 2.95 \text{ km} \qquad\qquad (8.46)$$

für die Sonne. Vergleichen wir nun den berechneten Schwarzschild-Radius der Sonne (8.46) mit dem Radius der Sonne[117] so stellen wir fest, dass wir uns im Fall $r = r_S$ offensichtlich in der Sonne befinden und damit die Schwarzschild-Lösung nicht gilt. Die Gültigkeit der Schwarzschild-Lösung beschränkt sich auf den Außenbereich gravitierender Massen. Demzufolge beschränken wir uns auf Bereiche $r > R_S$, in denen die Abweichung der SM von der Minkowski-Metrik lediglich

$$\frac{r_S}{R_S} < 4.2 \cdot 10^{-6} \ll 1 \qquad\qquad (8.47)$$

beträgt und damit näherungsweise vernachlässigbar ist.

Für Objekte mit Radius $R < r_S$ liegt der Schwarzschild-Radius außerhalb des gravitierenden Objektes. Sterne mit Radius $R < r_S$ heißen Schwarze Löcher. Bei $r = r_S$ entsteht dann ein sogenannter Ereignishorizont. Licht, das sich innerhalb dieses Ereignishorizontes befindet, kann unmöglich nach außen gelangen. Der Ereignishorizont ist dabei eine Grenzfläche der Raumzeit, die bewirkt, dass Ereignisse innerhalb dieser Grenzfläche für einen außenstehenden Beobachter nicht

---

[114]   Dieser   Zusammenhang   wird   im   Birkhoff-Theorem   erläutert.   Siehe   dazu
         (Bronnikov und Melnikov, 1995).
[115]   Siehe dazu auch Abschnitt 35 aus (Fließbach, 2012a).
[116]   Die Sonnenmasse $M_S = 1988500 \cdot 10^{24}$ kg entstammt (Williams, Sun Fact Sheet, 2016b).
[117]   Der Sonnenradius $R_S = 6.96 \cdot 10^5$ km entstammt (Williams, Sun Fact Sheet, 2016b).

sichtbar sind. Er bildet damit eine Grenze für Informationen und Kausalzusammenhänge. Diese Situation wird bei der Beschreibung nicht-rotierender Schwarzer Löcher betrachtet und steht in dieser Arbeit nicht im Vordergrund[118].

Dennoch ist darauf aufmerksam zu machen, dass die scheinbare Singularität bei $r = r_S$ eher als Koordinatensingularität denn als Singularität in der Geometrie aufzufassen ist. Da wir von einer sphärisch-symmetrischen Geometrie ausgehen, ist jeder Punkt auf der Sphäre gleichberechtigt und der betrachtete Raum damit nicht singulär. Die Singularität der metrischen Koeffizienten beruht damit nur auf der Wahl der Koordinaten.[119]

Die Betrachtung der Geodäte eines massiven, radial frei fallenden Teilchens, das sich von $r_1 = R$ nach $r_2 = 0$ mit $r_1 > r_S > r_2$ bewegt, zeigt, dass ein frei fallender Beobachter aus der Sicht des Teilchens r_2 nach endlicher Eigenzeit erreicht. Ein Beobachter, der bei r_1 verharrt, sieht den frei fallenden Beobachter erst nach unendlich langer Zeit den Ort r_2 erreichen, da keine Informationen aus dem Ereignishorizont nach außen dringen können.[120] Wir wollen im Folgenden die Geodätengleichung in der SM betrachten.

8.3 Geodätengleichung in der Schwarzschild-Metrik

Wir erinnern uns an die Geodätengleichung im Gravitationsfeld aus (5.22) für ein massives Teilchen. Für massenlose Teilchen müssen wir wegen $d\tau = 0$ anstelle von τ den Bahnparameter λ verwenden, sodass für die Bahn $x^\kappa(\lambda)$ eines massenlosen Teilchens

$$\frac{d^2 x^\kappa}{d\lambda^2} = -\Gamma^\kappa{}_{\mu\nu} \frac{dx^\mu}{d\lambda} \frac{dx^\nu}{d\lambda} \tag{8.48}$$

gilt.

---

[118] Für eine weiterführende Betrachtung siehe dazu Abschnitt 7.1 aus (Camenzid, 2016).
[119] Zusätzliche Informationen zu dem besonders interessanten Fall $r = r_S$ finden sich in §31.3 aus (Misner, Thorne und Wheeler, 1973).
[120] Die konkrete Berechnung findet sich in Unterabschnitt 6.6.3 aus (Scheck, 2010).

Aus (5.9) erhalten wir

$$ds^2 = g_{\mu\nu}dx^\mu dx^\nu$$

$$\Leftrightarrow \quad g_{\mu\nu}\frac{dx^\mu}{d\lambda}\frac{dx^\nu}{d\lambda} = \left(\frac{ds}{d\lambda}\right)^2 = c^2\left(\frac{d\tau}{d\lambda}\right)^2 = \begin{cases} c^2, & m \neq 0 \\ 0, & m = 0 \end{cases}$$

$$\Leftrightarrow \quad \frac{1}{c^2}\left(\frac{ds}{d\lambda}\right)^2 = \left(\frac{d\tau}{d\lambda}\right)^2 = \begin{cases} 1, & m \neq 0 \\ 0, & m = 0 \end{cases} \tag{8.49}$$

In (8.23) wurden die in der SM auftretenden Christoffel-Symbole bereits berechnet. Zur Bestimmung von ν' berechnen wir mit (8.39)

$$e^{2\nu} \overset{(8.37)}{=} 1 - \frac{2a}{r} \overset{(8.43)}{=} 1 - \frac{r_S}{r}$$

$$\overset{r>r_S}{\Leftrightarrow} \quad 2\nu = \ln\left(1 - \frac{r_S}{r}\right)$$

$$\Leftrightarrow \quad 2\nu' = \frac{1}{1 - \frac{r_S}{r}}\frac{r_S}{r^2} = \frac{r_S}{r(r - r_S)}$$

$$\Leftrightarrow \quad \nu' = \frac{r_S}{2r(r - r_S)}. \tag{8.50}$$

Wir setzen dann (8.36), (8.37), (8.39), (8.43) und (8.50) in (8.23) ein und erhalten damit

$$\Gamma^0{}_{10} = \Gamma^0{}_{01} = \frac{r_S}{2r(r - r_S)},$$

$$\Gamma^1{}_{00} = \frac{r_S(r - r_S)}{2r^3}, \quad \Gamma^1{}_{11} = \frac{r_S}{2r(r_S - r)}, \quad \Gamma^1{}_{22} = r_S - r,$$

$$\Gamma^1{}_{33} = \sin^2\theta\,(r_S - r),$$

$$\Gamma^2{}_{12} = \Gamma^2{}_{21} = \frac{1}{r}, \quad \Gamma^2{}_{33} = -\sin\theta\cos\theta,$$

$$\Gamma^3{}_{13} = \Gamma^3{}_{31} = \frac{1}{r}, \quad \Gamma^3{}_{23} = \Gamma^3{}_{32} = \frac{\cos\theta}{\sin\theta},$$

$$\Gamma^\kappa{}_{\mu\lambda} = 0, \quad \text{sonst.} \tag{8.51}$$

Mithilfe von (8.51) können wir nun (8.48) explizit angeben.

Für $\kappa = 0, \kappa = 2$ und $\kappa = 3$ ergibt sich

$$\frac{d^2 x^0}{d\lambda^2} = -\Gamma^0{}_{\mu\nu} \frac{dx^\mu}{d\lambda} \frac{dx^\nu}{d\lambda}$$

$$= -\left(\Gamma^0{}_{01} + \Gamma^0{}_{10}\right) \frac{dx^0}{d\lambda} \frac{dx^1}{d\lambda}$$

$$= \frac{r_S}{r(r_S - r)} \frac{d(ct)}{d\lambda} \frac{dr}{d\lambda}$$

$$\Leftrightarrow \frac{d^2 t}{d\lambda^2} + \frac{r_S}{r(r - r_S)} \frac{dt}{d\lambda} \frac{dr}{d\lambda} = 0$$

$$\Leftrightarrow \frac{d^2 t}{d\lambda^2} \left(1 - \frac{r_S}{r}\right) + \frac{r_S}{r^2} \frac{dt}{d\lambda} \frac{dr}{d\lambda} = 0$$

$$\Leftrightarrow \frac{d}{d\lambda} \frac{dt}{d\lambda} \left(1 - \frac{r_S}{r}\right) + \frac{d}{d\lambda}\left(1 - \frac{r_S}{r}\right) \frac{dt}{d\lambda} = 0$$

$$\Leftrightarrow \frac{d}{d\lambda}\left[\frac{dt}{d\lambda}\left(1 - \frac{r_S}{r}\right)\right] = 0$$

$$\Leftrightarrow \frac{dt}{d\lambda}\left(1 - \frac{r_S}{r}\right) = B = \text{const.}$$

$$\Leftrightarrow \frac{dt}{d\lambda} = \frac{B}{\left(1 - \frac{r_S}{r}\right)}, \tag{8.52}$$

$$\frac{d^2x^2}{d\lambda^2} = -\Gamma^2{}_{\mu\nu}\frac{dx^\mu}{d\lambda}\frac{dx^\nu}{d\lambda}$$

$$= -\left(\Gamma^2{}_{12}\frac{dx^1}{d\lambda}\frac{dx^2}{d\lambda} + \Gamma^2{}_{21}\frac{dx^2}{d\lambda}\frac{dx^1}{d\lambda} + \Gamma^2{}_{33}\frac{dx^3}{d\lambda}\frac{dx^3}{d\lambda}\right)$$

$$= -\left(\frac{1}{r}\frac{dr}{d\lambda}\frac{d\theta}{d\lambda} + \frac{1}{r}\frac{dr}{d\lambda}\frac{d\theta}{d\lambda} - \sin\theta\cos\theta\left(\frac{d\phi}{d\lambda}\right)^2\right)$$

$$\Leftrightarrow \frac{d^2\theta}{d\lambda^2} + \frac{2}{r}\frac{dr}{d\lambda}\frac{d\theta}{d\lambda} - \sin\theta\cos\theta\left(\frac{d\phi}{d\lambda}\right)^2 = 0 \tag{8.53}$$

und

$$\frac{d^2x^3}{d\lambda^2} = -\Gamma^3{}_{\mu\nu}\frac{dx^\mu}{d\lambda}\frac{dx^\nu}{d\lambda}$$

$$= -\left(\Gamma^3{}_{23}\frac{dx^2}{d\lambda}\frac{dx^3}{d\lambda} + \Gamma^3{}_{32}\frac{dx^3}{d\lambda}\frac{dx^2}{d\lambda} + \Gamma^3{}_{31}\frac{dx^3}{d\lambda}\frac{dx^1}{d\lambda}\right)$$

$$\quad -\Gamma^3{}_{13}\frac{dx^1}{d\lambda}\frac{dx^3}{d\lambda}$$

$$= -\left(\frac{\cos\theta}{\sin\theta}\frac{d\theta}{d\lambda}\frac{d\phi}{d\lambda} + \frac{\cos\theta}{\sin\theta}\frac{d\theta}{d\lambda}\frac{d\phi}{d\lambda} + \frac{1}{r}\frac{d\phi}{d\lambda}\frac{dr}{d\lambda} + \frac{1}{r}\frac{d\phi}{d\lambda}\frac{dr}{d\lambda}\right)$$

$$= -\left(2\frac{\cos\theta}{\sin\theta}\frac{d\theta}{d\lambda}\frac{d\phi}{d\lambda} + \frac{2}{r}\frac{d\phi}{d\lambda}\frac{dr}{d\lambda}\right)$$

$$\Leftrightarrow \frac{d^2\phi}{d\lambda^2} + 2\cot\theta\frac{d\theta}{d\lambda}\frac{d\phi}{d\lambda} + \frac{2}{r}\frac{d\phi}{d\lambda}\frac{dr}{d\lambda} = 0. \tag{8.54}$$

Anstatt die Geodätengleichung für $\kappa = 1$ analog herzuleiten und damit in eine Sackgasse zu gelangen, nutzen wir stattdessen (8.49) aus, um

$$\frac{1}{c^2}\left(\frac{ds}{d\lambda}\right)^2 \overset{(8.44)}{=} \frac{1}{c^2 d\lambda^2}\left[\left(1 - \frac{r_S}{r}\right)c^2 dt^2 - \left(\frac{1}{1 - \frac{r_S}{r}}\right)dr^2\right]$$

$$- \frac{1}{c^2 d\lambda^2}[r^2(d\theta^2 + \sin^2\theta\, d\phi^2)]$$

$$= \left(1 - \frac{r_S}{r}\right)\left(\frac{dt}{d\lambda}\right)^2 - \frac{1}{c^2}\left(\frac{1}{1 - \frac{r_S}{r}}\right)\left(\frac{dr}{d\lambda}\right)^2$$

$$- \frac{r^2}{c^2}\left(\left(\frac{d\theta}{d\lambda}\right)^2 + \sin^2\theta\left(\frac{d\phi}{d\lambda}\right)^2\right)$$

$$= \begin{cases} 1, & m \neq 0 \\ 0, & m = 0 \end{cases} \tag{8.55}$$

zu schreiben. Aufgrund der verwendeten sphärisch-symmetrischen Geometrie können wir immer ein geeignetes KS finden, in dem die betrachtete Geodäte einen Punkt P auf dem Äquator bei $\theta(\lambda_0) = \frac{\pi}{2}$ an der Äquatorebene mit $\theta'(\lambda_0) = 0$ tangiert (siehe Abbildung 8.1).

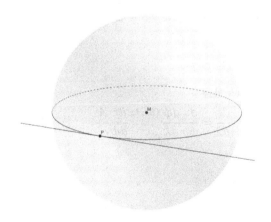

Abbildung 8.1: Geodäte tangiert Kugel an der Äquatorebene.

Diese Betrachtung erfolgt analog zu der, aus der Drehimpulserhaltung resultierenden, untersuchten Bewegung im Kepler-Problem, die in einer Ebene senkrecht zum Drehimpuls l erfolgt. In diesem Fall liefert (8.53) das Resultat

$$\frac{d^2\theta}{d\lambda^2} + \frac{2}{r}\frac{dr}{d\lambda}\frac{d\theta}{d\lambda} - \sin\theta\cos\theta\left(\frac{d\phi}{d\lambda}\right)^2 = \frac{d^2\theta}{d\lambda^2} = 0. \tag{8.56}$$

Wegen

$$\theta = \theta(\lambda_0) + (\lambda - \lambda_0)\theta'(\lambda_0) \tag{8.57}$$

mit

$$\theta(\lambda_0) = \frac{\pi}{2}, \qquad \theta'(\lambda_0) = 0 \tag{8.58}$$

folgt somit, dass die gesamte Bahnkurve in der Äquatorebene liegt.

Mit (8.54) und (8.57) erhalten wir dann

$$\frac{d^2\phi}{d\lambda^2} + \frac{2}{r}\frac{d\phi}{d\lambda}\frac{dr}{d\lambda} = 0$$

$$\Leftrightarrow \quad \frac{d^2\phi}{d\lambda^2}r^2 + 2r\frac{d\phi}{d\lambda}\frac{dr}{d\lambda} = 0$$

$$\Leftrightarrow \quad \frac{d}{d\lambda}\left(\frac{d\phi}{d\lambda}r^2\right) = 0$$

$$\Leftrightarrow \quad \frac{d\phi}{d\lambda}r^2 = A = \text{const.}$$

$$\Leftrightarrow \quad \frac{d\phi}{d\lambda} = \frac{A}{r^2}. \tag{8.59}$$

Weiterhin bemerken wir, dass

$$\frac{dr}{d\lambda} = \frac{dr}{d\phi}\frac{d\phi}{d\lambda} \stackrel{(8.59)}{=} \frac{dr}{d\phi}\frac{A}{r^2} \tag{8.60}$$

gilt.

Analog zum Kepler-Problem möchten wir nun $r(\phi)$ bzw. $\dfrac{1}{r(\phi)}$ bestimmen und können (8.59), (8.52) und (8.60) in (8.55) einsetzen. Es ergibt sich

$$
\begin{aligned}
\frac{1}{c^2}\left(\frac{ds}{d\lambda}\right)^2 &= \left(1-\frac{r_S}{r}\right)\left(\frac{dt}{d\lambda}\right)^2 - \frac{1}{c^2}\frac{1}{1-\frac{r_S}{r}}\left(\frac{dr}{d\lambda}\right)^2 \\
&\qquad -\frac{r^2}{c^2}\left[\left(\frac{d\theta}{d\lambda}\right)^2 + \sin^2\theta\left(\frac{d\phi}{d\lambda}\right)^2\right] \\
&\overset{(8.57)}{=} \frac{B^2}{\left(1-\frac{r_S}{r}\right)} - \frac{1}{c^2}\frac{1}{1-\frac{r_S}{r}}\left(\frac{dr}{d\phi}\frac{A}{r^2}\right)^2 - \frac{r^2}{c^2}\left(\frac{A}{r^2}\right)^2 \\
&= \frac{B^2}{\left(1-\frac{r_S}{r}\right)} - \frac{1}{1-\frac{r_S}{r}}\left(\frac{dr}{d\phi}\right)^2\frac{A^2}{r^4 c^2} - \frac{A^2}{r^2 c^2} \\
&= -\frac{B^2 c^2}{A^2} + \left(\frac{dr}{d\phi}\right)^2\frac{1}{r^4} + \frac{1}{r^2} - \frac{r_S}{r^3} \\
&= \begin{cases} -\dfrac{\left(1-\frac{r_S}{r}\right)c^2}{A^2}, & m \neq 0. \\ 0, & m = 0 \end{cases}
\end{aligned}
$$
(8.61)

Mit

$$
\left[\frac{d}{d\phi}\left(\frac{1}{r}\right)\right]^2 = \frac{1}{r^4}\left(\frac{dr}{d\phi}\right)^2 \Leftrightarrow \left(\frac{dr}{d\phi}\right)^2 = r^4\left[\frac{d}{d\phi}\left(\frac{1}{r}\right)\right]^2
$$
(8.62)

wird (8.61) zu

$$-\frac{B^2c^2}{A^2}+\left[\frac{d}{d\phi}\left(\frac{1}{r}\right)\right]^2+\frac{1}{r^2}-\frac{r_S}{r^3}$$

$$=\begin{cases}-\dfrac{\left(1-\dfrac{r_S}{r}\right)c^2}{A^2}, & m\neq 0\\[2mm] 0, & m=0\end{cases}$$

$$\Leftrightarrow\quad\left[\frac{d}{d\phi}\left(\frac{1}{r}\right)\right]^2+\frac{1}{r^2}=\begin{cases}-\dfrac{\left(1-\dfrac{r_S}{r}\right)c^2}{A^2}+\dfrac{B^2c^2}{A^2}+\dfrac{r_S}{r^3}, & m\neq 0\\[3mm] \dfrac{B^2c^2}{A^2}+\dfrac{r_S}{r^3}, & m=0\end{cases}$$

$$\Leftrightarrow\quad\left[\frac{d}{d\phi}\left(\frac{1}{r}\right)\right]^2+\frac{1}{r^2}=\begin{cases}\dfrac{(r_S-r)c^2}{A^2r}+\dfrac{B^2c^2}{A^2}+\dfrac{r_S}{r^3}, & m\neq 0\\[3mm] \dfrac{B^2c^2}{A^2}+\dfrac{r_S}{r^3}, & m=0\end{cases}$$

$$\Leftrightarrow\quad\left[\frac{d}{d\phi}\left(\frac{1}{r}\right)\right]^2+\frac{1}{r^2}=\begin{cases}\dfrac{r_Sc^2}{A^2r}+\dfrac{(B^2-1)c^2}{A^2}+\dfrac{r_S}{r^3}, & m\neq 0\\[3mm] \dfrac{B^2c^2}{A^2}+\dfrac{r_S}{r^3}, & m=0\end{cases}\qquad(8.63)$$

Nun können wir (8.63) nach ϕ ableiten und erhalten

$$\Leftrightarrow \quad \frac{d}{d\phi}\left[\left[\frac{d}{d\phi}\left(\frac{1}{r}\right)\right]^2 + \frac{1}{r^2}\right]$$

$$= \begin{cases} \frac{d}{d\phi}\left[\frac{r_S c^2}{A^2 r} + \frac{(B^2-1)c^2}{A^2} + \frac{r_S}{r^3}\right], & m \neq 0 \\ \frac{d}{d\phi}\left[\frac{B^2 c^2}{A^2} + \frac{r_S}{r^3}\right], & m = 0 \end{cases}$$

$$\Leftrightarrow \quad 2\frac{d}{d\phi}\left(\frac{1}{r}\right)\frac{d^2}{d\phi^2}\left(\frac{1}{r}\right) + \frac{d}{d\phi}\left(\frac{1}{r}\right)\frac{2}{r}$$

$$= \begin{cases} \frac{r_S c^2}{A^2}\frac{d}{d\phi}\left(\frac{1}{r}\right) + \frac{d}{d\phi}\left(\frac{1}{r}\right)\frac{3r_S}{r^2}, & m \neq 0 \\ \frac{d}{d\phi}\left(\frac{1}{r}\right)\frac{3r_S}{r^2}, & m = 0 \end{cases} \qquad (8.64)$$

Wir schließen die triviale Kreisbahn-Lösung $\frac{d}{d\phi}\left(\frac{1}{r}\right) = 0$ aus, um weitere nicht-

triviale Lösungen zu generieren und erhalten nach Division durch $2\frac{d}{d\phi}\left(\frac{1}{r}\right)$

$$\frac{d^2}{d\phi^2}\left(\frac{1}{r}\right) + \frac{1}{r} = \begin{cases} \frac{r_S c^2}{2A^2} + \frac{3r_S}{2r^2}, & m \neq 0 \\ \frac{3r_S}{2r^2}, & m = 0 \end{cases} \qquad (8.65)$$

Mit (8.65) haben wir die DGL für $\frac{1}{r(\phi)}$ für die Bewegung von Planeten und Licht,
im Gravitationsfeld der Sonne, gefunden. Sie stellt die relativistische
Verallgemeinerung der Bewegungsgleichung des klassischen Kepler-Problems[121]
dar. Mithilfe dieser DGL können wir im Folgenden drei spezielle Phänomene der
ART betrachten, die Einstein bereits 1916[122] theoretisch vorhersagt. Diese drei
Effekte wollen wir im nächsten Kapitel näher untersuchen.

---

[121]   Näheres zum Kepler-Problem findet sich in Kapitel 11 aus (Wess, 2008).
[122]   Siehe dazu §22 aus (Einstein, 1916).

9 Klassische Tests der ART

9.1 Gravitative Rotverschiebung des Lichts

Im Folgenden möchten wir untersuchen, welchen Effekt das Gravitationsfeld eines Sterns auf die von ihm ausgesandte elektromagnetische Strahlung hat. Dazu betrachten wir den metrischen Tensor der SM (8.45) und stellen fest, dass dieser unabhängig vom Zeitparameter t ist. Wir nennen t auch Weltzeit[123]. Das Eigenzeitintervall $d\tau$ zwischen Ereignissen an festen Ortspunkten erhalten wir nach (5.7) und g_{00} aus (8.45) als

$$d\tau = \sqrt{g_{00}}dt = \sqrt{1 - \frac{r_S}{r}}\,dt. \qquad (9.1)$$

Wir messen $d\tau$ dabei mit einer Uhr an einem bestimmten Punkt, weshalb es vom Ort und damit von den Koordinaten abhängig ist. Dagegen ist das Weltzeitintervall dt, das von im Unendlichen[124] ruhenden Uhren gemessen wird, für die gesamte SM festgelegt und somit unabhängig von den Koordinaten. Offenbar gilt wegen $r > r_S$, dass $0 < g_{00} < 1$ ist und somit gilt auch

$$d\tau < dt. \qquad (9.2)$$

Damit gehen Uhren im Gravitationsfeld langsamer. Um verschiedene Uhren vergleichen zu können, bedarf es geeichter Uhren, die wir im Folgenden mittels Atomen, die Licht mit einer bestimmten Frequenz emittieren, realisieren wollen.

So sende eine bei r_A ruhende Quelle A monochromatische elektromagnetische Wellen aus, die von einem Empfänger B bei r_B mit $r_A < r_B$ beobachtet werden. Uhren bei A und B zeigen nach (9.1) die Eigenzeiten

$$d\tau_A = \sqrt{1 - \frac{r_S}{r_A}}\,dt_A, \qquad d\tau_B = \sqrt{1 - \frac{r_S}{r_B}}\,dt_B \qquad (9.3)$$

an. Als Zeitintervall fungieren dabei zwei bei A emittierte bzw. bei B registrierte aufeinanderfolgende Wellenberge. Damit entspricht $d\tau$ der Periode der

---

[123] Die Weltzeit wird auch dann noch als Weltzeit bezeichnet, wenn sie mit einer beliebigen Konstante multipliziert wird, beispielsweise mit c^2, und ist damit nicht eindeutig festgelegt.

[124] Gravitative Effekte sind für im Unendlichen ruhende Uhren vernachlässigbar klein.

elektromagnetischen Schwingung bei A bzw. bei B. Insbesondere ist $d\tau$ damit das Inverse der Frequenz, sodass

$$d\tau = \frac{1}{\nu} \tag{9.4}$$

gilt. Da t die Weltzeit ist, ist dt insbesondere koordinatenunabhängig, wodurch

$$dt_A = dt_B = dt \tag{9.5}$$

gilt. Wegen $r_A < r_B$ gilt $d\tau_A < d\tau_B$ und damit folglich

$$\nu_B < \nu_A. \tag{9.6}$$

Einsetzen von (9.4) und (9.5) in (9.3) liefert

$$\frac{1}{\nu_A} = \sqrt{1 - \frac{r_S}{r_A}}\, dt, \qquad \frac{1}{\nu_B} = \sqrt{1 - \frac{r_S}{r_B}}\, dt$$

$$\Leftrightarrow \qquad \frac{1}{\sqrt{1 - \frac{r_S}{r_A}}\, dt} = \nu_A, \qquad \frac{1}{\sqrt{1 - \frac{r_S}{r_B}}\, dt} = \nu_B. \tag{9.7}$$

Die Frequenzänderung z von ν_B relativ zu ν_A ist dabei als

$$z := \frac{\nu_A - \nu_B}{\nu_B} = \frac{\nu_A}{\nu_B} - 1 = \frac{\lambda_B}{\lambda_A} - 1 \tag{9.8}$$

definiert.

Wenn wir nun (9.7) in (9.8) einsetzen, erhalten wir die sogenannte Gravitationsrotverschiebung

$$z = \frac{\dfrac{1}{\sqrt{1 - \frac{r_S}{r_A}}\, dt}}{\dfrac{1}{\sqrt{1 - \frac{r_S}{r_B}}\, dt}} - 1 = \sqrt{\frac{r_B(r_A - r_S)}{r_A(r_B - r_S)}} - 1 = \frac{\lambda_B}{\lambda_A} - 1 \tag{9.9}$$

der SM. Wegen (9.6) gilt zudem

$$\lambda_A < \lambda_B \tag{9.10}$$

und damit

$$z > 0. \tag{9.11}$$

Die Benennung Gravitationsrotverschiebung ist somit auf (9.11) zurückzuführen. Im Spektrum des sichtbaren Lichtes ist $z > 0$ gleichbedeutend mit einer

Verschiebung hin zum roten Bereich des Spektrums. Damit werden wegen $E = h\nu$ von der Sonne ausgesandte Photonen bei A auf ihrem Weg zur Erde bei B immer energieärmer. Im Umkehrschluss wird ein in Richtung einer gravitierenden Masse ausgestrahltes Photon energiereicher und damit blauverschoben.

Der von Einstein 1911 postulierte Effekt[125] der gravitativen Rotverschiebung wurde bereits 1925 von Walter Sydney Adams[126] am Weißen Zwerg Sirius B experimentell nachgewiesen[127]. In aktuelleren, genaueren Messungen wurde das Ergebnis mithilfe des Hubble-Teleskops, nach Edwin Powell Hubble[128], weiter präzisiert und Werte für z im Bereich von $2.23 - 2.41 \cdot 10^{-4}$ bestimmt.[129]

Zu guter Letzt weisen wir darauf hin, dass zur Behandlung der Gravitationsrotverschiebung nicht die Feldgleichungen der ART, sondern lediglich die SRT und das Einstein'sche Starke Äquivalenzprinzip relevant sind. Damit stellen die betrachteten Effekte lediglich einen Test des Äquivalenzprinzips und nicht der ART im eigentlichen Sinne dar.

9.2   Lichtablenkung im Gravitationsfeld der Sonne

Wir möchten nun die Auswirkungen des Gravitationsfelds der Sonne auf Lichtstrahlen, die den Sonnenrand streifen, untersuchen. Dazu benutzen wir die in Abschnitt 8.3 erarbeiteten Gleichungen. Da Photonen keine Masse haben, müssen wir die Gleichungen für $m = 0$ wählen. Für die Bewegung von Licht im Gravitationsfeld der Sonne ergibt sich somit nach (8.65) eine DGL für $\frac{1}{r(\phi)}$ laut

$$\frac{d^2}{d\phi^2}\left(\frac{1}{r}\right) + \frac{1}{r} = \frac{3r_S}{2r^2}. \tag{9.12}$$

Wir bemerken, dass für die Sonne $\frac{3r_S}{2r^2} \ll \frac{1}{r}$ gilt und die rechte Seite von (9.12) damit vernachlässigbar klein ist.

---

[125]   Einsteins Beschreibung der Effekte von Gravitationsfeldern auf Uhren findet sich in §19 aus (Einstein, 1907).

[126]   [1876-1956]

[127]   Die Originalveröffentlichung findet sich in (Adams, 1925).

[128]   [1889-1953]

[129]   Die genauen Messwerte und die Analysen der Hubble-Teleskop-Aufnahmen bezüglich der Gravitationsrotverschiebung finden sich in Abschnitt 3.3 von (Barstow et al., 2005).

Um diese inhomogene DGL näherungsweise zu lösen, betrachten wir zunächst die homogene DGL

$$\frac{d^2}{d\phi^2}\left(\frac{1}{r}\right) + \frac{1}{r} = 0. \tag{9.13}$$

Eine Lösung von (9.13) bestimmen wir zu

$$\frac{1}{r} = \frac{1}{r_0}\cos\phi. \tag{9.14}$$

Das Einsetzen dieser Lösung in (9.12) liefert

$$\frac{d^2}{d\phi^2}\left(\frac{1}{r}\right) + \frac{1}{r} = \frac{3r_S}{2r_0{}^2}\cos^2\phi. \tag{9.15}$$

Eine partikuläre Lösung von (9.15) lautet

$$\frac{1}{r} = \frac{r_S}{2r_0^2}(1 + \sin^2\phi). \tag{9.16}$$

Mit (9.14) und (9.16) lautet die allgemeine Lösung[130] von (9.15)

$$\frac{1}{r} = \frac{1}{r_0}\cos\phi + \frac{r_S}{2r_0^2}(1 + \sin^2\phi). \tag{9.17}$$

Damit entspricht (9.17) näherungsweise der Lösung von (9.12). Für den Grenzfall großer Abstände $r \to \infty$ resultiert aus (9.14)

$$\phi \to \pm\frac{\pi}{2}. \tag{9.18}$$

Mit (9.18) liefert (9.17) für den Grenzfall $r \to \infty$

$$\phi \to \pm\left(\frac{\pi}{2} + \delta\right). \tag{9.19}$$

---

[130] Die notwendigen Grundlagen zum Lösen von DGL finden sich z.B. in Kapitel 4 von (Goldhorn und Heinz, 2007).

Dabei ist δ der Winkel, um den der Lichtstrahl durch das Gravitationsfeld abgelenkt wird (siehe Abbildung 9.1).

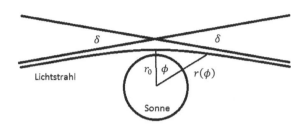

Abbildung 9.1: Gravitative Lichtablenkung. Orientiert an(Fließbach, 2012a, S. 148).

Im nächsten Schritt setzen wir (9.19) in (9.17) für den Fall $r \to \infty$ ein und erhalten

$$0 = \frac{1}{r_0}\cos\left[\pm\left(\frac{\pi}{2}+\delta\right)\right] + \frac{r_S}{2r_0^2}\left[1+\sin^2\left[\pm\left(\frac{\pi}{2}+\delta\right)\right]\right]$$

$$\Leftrightarrow \qquad 0 = -\sin\delta + \frac{r_S}{2r_0}[1+\cos^2\delta]$$

$$\overset{\text{Taylor}}{\Leftrightarrow} \qquad 0 = -\delta + \frac{r_S}{2r_0}[1+1]$$

$$\Leftrightarrow \qquad \delta = \frac{r_S}{r_0}. \qquad\qquad (9.20)$$

Da δ verhältnismäßig klein ist, können wir im vorletzten Schritt die Kleinwinkelnäherung nutzen und deshalb die trigonometrischen Funktionen durch die ersten Glieder ihrer jeweiligen Taylor-Reihe ersetzen.

Insgesamt ergibt sich für die Ablenkung des Lichtstrahls durch das Gravitationsfeld der Sonne nach Abbildung 9.1

$$\Delta = 2\delta = 2\frac{r_S}{r_0}. \qquad\qquad (9.21)$$

Im Fall eines Lichtstrahles, der die Sonne gerade an ihrer Oberfläche tangiert, gilt $r_0 = R$, wodurch wir nach (9.21) die Ablenkung[131]

$$\Delta = 1.75 \text{ arcsec}^{132} \tag{9.22}$$

erhalten.

Die gravitative Lichtablenkung war der erste von Einstein beschriebene Effekt der ART[133], der experimentell überprüft wurde. Dabei wurde die Sonnenfinsternis vom 29. Mai 1919 auf der Vulkaninsel Príncipe vor der westafrikanischen Küste ausgenutzt, um die scheinbare Positionsveränderung eines nahe der Sonnenscheibe befindlichen Sterns zu bestimmen. Diese Messung entsprach mit einer Abweichung von 20% genau (9.22) und gilt deshalb als erste Bestätigung der ART. Klassisch oder mit den Mitteln der SRT wäre nur eine halb so große Abweichung zu erwarten gewesen. Erst durch dieses Experiment und der damit verbundenen Bestätigung seiner Theorie gelangte Einstein zu seinem weltweiten Ruhm.[134]

Mit der Vermessung von 100.000 Sternen durch den 1989 gestarteten ESA-Satelliten Hipparcos, nach Hipparcos von Nicäa[135], wurden die Vorhersagen Einsteins mit einer Abweichung von 0,1% überprüft. Die 2013 gestartete ESA-Raumsonde Gaia[136] soll eine Milliarde Sterne vermessen und die Abweichung damit um den Faktor 200 weiter verbessern.[137]

9.3   Periheldrehung des Merkur

Im Folgenden möchten wir die Auswirkung des Gravitationsfeldes der Sonne auf den Planetenorbit, insbesondere auf den Orbit von Merkur, untersuchen. Für den sonnennächsten Planeten Merkur sind die größten Effekte zu erwarten. Zunächst möchten wir uns an die klassische Bewegungsgleichung nach Kepler erinnern.[138]

---

[131]   Der Sonnenradius $R = 6.96 \cdot 10^5$km entstammt (Williams, Sun Fact Sheet, 2016b).
[132]   Die Maßeinheit arcsec bezeichnet eine Bogensekunde und entspricht dem 3600. Teil eines Grads (3600 arcsec = 1°).
[133]   Einsteins Theorie zur Lichtkrümmung findet sich in (Einstein, 1911).
[134]   Die originale Abhandlung mit dem Versuchsaufbau, den Messdaten und den Ergebnissen findet sich in (Dyson, Eddington und Davidson, 1920).
[135]   [190 v.Chr. - 120 v.Chr.]
[136]   Gaia stellt in der griechischen Mythologie die personifizierte Erde dar und bedeutet „die Gebärerin".
[137]   Zur aktuellen Entwicklung der Gaia-Mission und Hintergründe zur Hipparcos-Mission siehe (ESA, 2016). Hipparcos Messwerte zur Bestätigung von Einsteins Theorie finden sich in Abschnitt 1.15 aus (Perryman, 2009).
[138]   Das Kepler-Problem findet sich z.B. in Kapitel 3 aus (Goldstein, Poole und Safko, 2001).

Diese lautet

$$\frac{d^2}{d\phi^2}\left(\frac{1}{r}\right) + \frac{1}{r} = \frac{r_S c^2}{2A^2}. \tag{9.23}$$

In der Literatur wird (9.23) häufig mit u und p, für die

$$u = \frac{1}{r}, \quad p = \frac{2A^2}{r_S c^2} \tag{9.24}$$

gilt, geschrieben. Dadurch ergibt sich

$$\frac{d^2}{d\phi^2} u + u = \frac{1}{p}. \tag{9.25}$$

Der Kegelschnittparameter p ist durch

$$p = A_0(1 - e^2) \tag{9.26}$$

gegeben. Dabei ist A_0 die große Halbachse und e die Exzentrizität[139] einer Ellipse. Insbesondere gilt für A_0 und e, da es sich um geometrische Abstände handelt,

$$A_0 \geq 0, \quad e \geq 0. \tag{9.27}$$

Die Lösung der DGL (9.25) ist durch

$$u = \frac{1}{r} = \frac{1}{p}(1 + e\cos\phi) = \frac{r_S c^2}{2A^2}(1 + e\cos\phi) \tag{9.28}$$

gegeben. Als Verallgemeinerung von (9.28) haben wir bereits (8.65) für den Fall $m \neq 0$ identifiziert, sodass wir nun

$$\frac{d^2}{d\phi^2}\left(\frac{1}{r}\right) + \frac{1}{r} = \frac{r_S c^2}{2A^2} + \frac{3r_S}{2r^2} \tag{9.29}$$

lösen müssen.

Die rechte Seite von (9.29) ist näherungsweise klein, sodass wir dort für $\frac{1}{r^2}$ (9.28) einsetzen können und erhalten damit

$$\frac{d^2}{d\phi^2}\left(\frac{1}{r}\right) + \frac{1}{r} = \frac{r_S c^2}{2A^2} + \frac{3r_S}{2}\frac{1}{p^2}(1 + e\cos\phi)^2. \tag{9.30}$$

---

[139]   Die Exzentrizität ist ein Maß der Abweichung einer Ellipse von einem Kreis und bezeichnet den Abstand der Brennpunkte vom Mittelpunkt. Für $e = 0$ wird die Ellipse somit zum Kreis. Zur Himmelsmechanik siehe auch Kapitel 5 aus (Hanslmeier, 2013).

In (9.30) vernachlässigen wir Terme der Ordnung e^2 und gewinnen damit

$$\frac{d^2}{d\phi^2}\left(\frac{1}{r}\right) + \frac{1}{r} = \frac{r_S c^2}{2A^2} + \frac{3r_S^3 c^4}{8A^4}(1 + 2e\cos\phi)$$

$$= \frac{r_S c^2}{2A^2} + \frac{3r_S^3 c^4}{8A^4} + \frac{3r_S^3 c^4}{4A^4}e\cos\phi$$

$$\approx \frac{r_S c^2}{2A^2} + \frac{3r_S^3 c^4}{4A^4}e\cos\phi. \tag{9.31}$$

Im letzten Schritt von (9.31) wurde die Näherung

$$\frac{r_S c^2}{2A^2} + \frac{3r_S^3 c^4}{8A^4} = \frac{r_S c^2}{2A^2}\left[1 + 3\left(\frac{r_S c}{2A}\right)^2\right] \approx \frac{r_S c^2}{2A^2} \tag{9.32}$$

verwendet.

Wir können (9.31) näherungsweise lösen, indem wir die Addition der Lösung von (9.25) und der Lösung der inhomogenen DGL

$$\frac{d^2}{d\phi^2}\left(\frac{1}{r}\right) + \frac{1}{r} = \frac{3r_S^3 c^4}{4A^4}e\cos\phi \tag{9.33}$$

betrachten. Für (9.33) erhalten wir die nicht-periodische Lösung[140]

$$\frac{1}{r} = \frac{3r_S^3 c^4}{8A^4}e\phi\sin\phi. \tag{9.34}$$

Die näherungsweise Lösung von (9.31) resultiert dann aus der Summe von (9.28) und (9.34).

---

[140]   Durch Einsetzen und Ausrechnen kann sich der Leser leicht davon überzeugen, dass (9.34) tatsächlich die gesuchte Lösung ist.

Deshalb resultiert

$$
\begin{aligned}
\frac{1}{r} &= \frac{r_S c^2}{2A^2}\,(1 + e \cos\phi) + \frac{3r_S^3 c^4}{8A^4}\,e\phi\sin\phi \\[2mm]
&= \frac{r_S c^2}{2A^2}\left(1 + e\cos\phi + \frac{3r_S^2 c^2}{4A^2}\,e\phi\sin\phi\right) \\[2mm]
&= \frac{r_S c^2}{2A^2}\left(1 + e\cos\phi + \frac{3r_S^2 c^2}{4A^2}\,e\phi\sin\phi\right) \\[2mm]
&= \frac{r_S c^2}{2A^2}\left[1 + e\cos\left[\phi\left(1 - \frac{3r_S^2 c^2}{4A^2}\right)\right]\right] + \mathcal{O}(\phi r_S)^2.
\end{aligned}
\tag{9.35}
$$

Um den letzten Schritt verstehen zu können, müssen wir die Taylor-Entwicklungen der jeweiligen Terme betrachten und uns von deren Gleichheit überzeugen. Wir möchten dies in einer kleinen Nebenrechnung kurz illustrieren und betrachten dazu die Taylor-Entwicklungen der Terme bis zur zweiten Ordnung. Diese lauten

$$
\cos x + Cx\sin x = 1 - \frac{1}{2}x^2 + Cx^2 + \cdots
$$

$$
\cos(x - Cx) = 1 - \frac{1}{2}(C-1)x^2 + \cdots
$$

$$
= 1 - \frac{1}{2}x^2 + Cx^2 + \mathcal{O}(xC)^2.
\tag{9.36}
$$

Wenn wir in (9.36) $x = \phi$ und $C = \frac{3r_S^2 c^2}{4A^2}$ schreiben, haben wir die letzte Gleichheit in (9.35) gezeigt.

Das Perihel[141] wird erreicht, wenn (9.35) maximal ist. Offenbar ist (9.35) genau dann maximal, wenn

$$\cos\left[\phi\left(1 - \frac{3r_S^2 c^2}{4A^2}\right)\right] = 1$$

$$\Leftrightarrow \qquad \phi = 2\pi n\left(1 - \frac{3r_S^2 c^2}{4A^2}\right)^{-1}, \qquad n \in \mathbb{Z}$$

$$\overset{\text{Taylor}}{\Leftrightarrow} \qquad \phi \approx 2\pi n\left(1 + \frac{3r_S^2 c^2}{4A^2}\right), \qquad n \in \mathbb{Z}$$

$$\Leftrightarrow \qquad \phi = n\left(2\pi + \frac{3\pi r_S^2 c^2}{2A^2}\right), \qquad n \in \mathbb{Z}$$

$$\Leftrightarrow \qquad \phi = n(2\pi + \delta\phi), \qquad n \in \mathbb{Z} \tag{9.37}$$

gilt. Im letzten Schritt von (9.37) haben wir die Präzession der Ellipsenbahn $\delta\phi$, auch Periheldrehung oder Präzession des Perihels[142] genannt, in einer Umdrehung gemäß

$$\delta\phi := \frac{3\pi r_S^2 c^2}{2A^2} \overset{(9.24)}{=} \frac{3\pi r_S}{p} \overset{(9.26)}{=} \frac{3\pi r_S}{A_0(1-e^2)} \overset{(8.43)}{=} \frac{6\pi GM}{A_0(1-e^2)c^2} \tag{9.38}$$

definiert.
Speziell für Merkur ergibt sich mit $M = 0.33 \cdot 10^{24}$ kg, $A_0 = 57.91 \cdot 10^6$ km und $e = 0.21$ eine Periheldrehung von

$$\delta\phi = 0.104 \text{ arcsec} \tag{9.39}$$

pro Umdrehung.[143]
Nach einhundert Erdenjahren[144] beträgt die Periheldrehung nach genauerer Berechnung[145]

$$\delta\phi = (42.980 \pm 0.001) \text{ arcsec.} \tag{9.40}$$

Insgesamt wird bei der Beobachtung des Merkur eine Periheldrehung von $\delta\phi_B = (5599.74 \pm 0.41)$ arcsec pro Erdjahrhundert festgestellt. Die klassische

[141]   Das Perihel ist der sonnennächste Punkt der Umlaufbahn.
[142]   Die Periheldrehung ist eine fortschreitende Drehung der gesamten Ellipsenbahn in der Bahnebene.
[143]   Die Daten von Merkur stammen aus (Williams, 2015).
[144]   Ein Erdenjahr entspricht ca. 415 Merkurjahren. Siehe dazu auch (Williams, 2016a).
[145]   Siehe dazu Tabelle 1 aus (Standish, 2015).

Berechnung der Präzession, die auch durch andere Himmelskörper verursachte Präzessionseffekte berücksichtigt, ergibt jedoch nur einen Wert von $\delta\phi_N =$ (5557.18 $\pm$ 0.85) arcsec. Die Differenz von $\delta\phi_B$ und $\delta\phi_N$ liefert einen Wert von $\delta\phi = $ (42.56 $\pm$ 0.94) arcsec und entspricht damit (9.40). Der fehlende Term zwischen observierter und klassisch berechneter Peripeldrehung des Merkur kann somit mit der ART erklärt werden, falls es keine weiteren Effekte mehr gibt.[146]

In Rahmen dieser Arbeit können leider nicht alle Effekte der ART beschrieben oder erläutert werden. Trotzdem sollte sich der Leser darüber im Klaren sein, dass die ART bisher konform mit ihren Vorhersagen ist und damit immer noch die Standardtheorie der Gravitation ist.[147] Eine erst kürzlich bestätigte Vorhersage der ART wollen wir im Rahmen dieser Arbeit herausgreifen und näher untersuchen: den Lense-Thirring-Effekt.

Um den Lense-Thirring-Effekt näherungsweise beschreiben zu können, müssen wir uns im Folgenden zunächst mit den linearisierten Feldgleichungen und deren Lösungen auseinandersetzen.

---

[146]   Einsteins Erklärung findet sich in (Einstein, 1915b). Die Messdaten sind in Tabelle II aus (Clemence, 1947) zu finden.

[147]   Einen umfassenden Überblick über experimentelle Tests der ART bietet (Turyshev, 2008).

10 Linearisierte Einstein'sche Feldgleichungen

10.1 Stationäre Gravitationsfelder

In der SM sind wir stets von einem statischen Gravitationsfeld ausgegangen. Damit wurde auch die Sonne als statische, unbewegliche Quelle des Gravitationsfeldes angenommen. Nun wissen wir jedoch, dass sich die Sonne in Wirklichkeit dreht und möchten deshalb eine stationäre Verallgemeinerung der Schwarzschild-Lösung[148] finden, die die Rotation der Sonne berücksichtigt. Da die verallgemeinerte Schwarzschild-Lösung für unser Vorhaben zu komplex ist, wollen wir uns an dieser Stelle auf die lineare Approximation dieser verallgemeinerten Lösung beschränken. Dazu betrachten wir zunächst die lineare Approximation der Einstein'schen Feldgleichungen nach (5.29) und (7.36), in der $g_{\mu\nu} = \eta_{\mu\nu} + h_{\mu\nu}$ und $g^{\mu\nu} = \eta^{\mu\nu} - h^{\mu\nu}$ gilt.

In dieser Approximation nutzen wir $\eta^{\kappa\sigma}$ zum Heben und $\eta_{\kappa\sigma}$ zum Senken von Indizes und erhalten somit aus (7.38)

$$R_{\mu\nu} = \frac{\eta^{\kappa\sigma}}{2}\left(h_{\sigma\nu,\mu\kappa} + h_{\mu\kappa,\sigma\nu} - h_{\mu\nu,\sigma\kappa} - h_{\sigma\kappa,\mu\nu}\right)$$

$$\overset{(5.31)}{=} \frac{1}{2}\left(h^{\kappa}{}_{\nu,\mu\kappa} + h^{\sigma}{}_{\mu,\sigma\nu} - \eta^{\kappa\sigma}h_{\mu\nu,\sigma\kappa} - h^{\kappa}{}_{\kappa,\mu\nu}\right)$$

$$= \frac{1}{2}\left(h^{\kappa}{}_{\nu,\mu\kappa} + h^{\sigma}{}_{\mu,\sigma\nu} - \Box h_{\mu\nu} - h^{\kappa}{}_{\kappa,\mu\nu}\right). \tag{10.1}$$

Im letzten Schritt haben wir

$$\Box := \partial^{\mu}\partial_{\mu} = \eta^{\mu\nu}\partial_{\nu}\partial_{\mu} \tag{10.2}$$

verwendet.

---

[148] Diese verallgemeinerte Lösung heißt Kerr-Lösung. Ein kurzer Überblick zur Kerr-Lösung findet sich in (Artemenko und Pozhidaeva, 1988), eine ausführliche Beschreibung, auch zum Übergang von der SM zur Kerr-Metrik, findet sich in (Simon, 1984).

Einsetzen von (10.1) in (7.30) liefert uns dann die Feldgleichungen

$$\frac{1}{2}\left(h^{\kappa}{}_{v,\mu\kappa} + h^{\sigma}{}_{\mu,\sigma v} - \Box h_{\mu v}\right) - \frac{1}{2}\left(h^{\kappa}{}_{\kappa,\mu v}\right)$$

$$= -\frac{8\pi G}{c^4}\left(T_{\mu v} - \frac{1}{2}g_{\mu v}T\right)$$

$$= -\frac{8\pi G}{c^4}S_{\mu v}. \tag{10.3}$$

Im letzten Schritt haben wir dabei den Tensor

$$S_{\mu v} := T_{\mu v} - \frac{1}{2}g_{\mu v}T \tag{10.4}$$

definiert.

Nach (7.31) ist $T_{\mu v}$ und damit auch $S_{\mu v}$ in linearer Näherung unabhängig von h, sodass das Erhaltungsgesetz (7.16) mit (10.4) zu

$$T_{\mu v;v} = 0$$

$$\Leftrightarrow \quad S_{\mu v;v} + \frac{1}{2}g_{\mu v;v}T = 0$$

$$\overset{(6.30)}{\Leftrightarrow} \quad S_{\mu v;v} = 0$$

$$\Leftrightarrow \quad S^{\mu}{}_{v,\mu} = 0 = T^{\mu}{}_{v,\mu} \tag{10.5}$$

wird. In (10.5) nutzen wir aus, dass S unabhängig von h ist, wodurch sich die kovariante Ableitung auf die partielle Ableitung reduziert.

Damit entspricht (10.5) dem Erhaltungsgesetz der SRT. In der linearen Approximation hat das Gravitationsfeld damit keinen Einfluss auf die Bewegung der felderzeugenden Masse. Insbesondere kann dadurch $T_{\mu v}$ beliebig gewählt werden, solange (10.5) erfüllt wird. Die $h_{\mu v}$ lassen sich dann nach (10.3) berechnen. Für unsere gewünschte Analogiebetrachtung genügt dieses Resultat noch nicht, weshalb wir eine alternative Form von (10.3) anstreben.[149]

Dazu verwenden wir anstelle von $h^{\mu\nu}$ die Größe $f^{\mu\nu}$ mit

$$\sqrt{-g}\, g^{\mu\nu} = \eta^{\mu\nu} - f^{\mu\nu}. \tag{10.6}$$

Dabei ist g die Determinante des metrischen Tensors. Um die Feldgleichungen mit den $f_{\mu\nu}$ aufzustellen, müssen wir den Ricci-Tensor über die $f_{\mu\nu}$ ausdrücken, und um diese zu spezifizieren, zunächst $\sqrt{-g}$ bestimmen. Wegen (5.29) ist

$$
\begin{aligned}
g_{\mu\nu} \;&=\; \eta_{\mu\nu} + h_{\mu\nu} \\[2mm]
&=\; \begin{pmatrix}
1 + h_{00} & h_{01} & h_{02} & h_{03} \\
h_{10} & -1 + h_{11} & h_{12} & h_{13} \\
h_{20} & h_{21} & -1 + h_{22} & h_{23} \\
h_{30} & h_{31} & h_{32} & -1 + h_{33}
\end{pmatrix},
\end{aligned} \tag{10.7}
$$

wodurch sich bei Vernachlässigung von Termen, die quadratisch in h sind, die Determinante

$$g = (1 + h_{00})(-1 + h_{11})(-1 + h_{22})(-1 + h_{33}) + \mathcal{O}(h^2)$$

$$= -1 - h_{00} + h_{11} + h_{22} + h_{33} + \mathcal{O}(h^2)$$

$$= -1 - \eta^{00} h_{00} - \eta^{11} h_{11} - \eta^{22} h_{22} - \eta^{33} h_{33} + \mathcal{O}(h^2)$$

$$= -1 - h^0{}_0 - h^1{}_1 - h^2{}_2 - h^3{}_3 + \mathcal{O}(h^2)$$

$$= -1 - h^\mu{}_\mu + \mathcal{O}(h^2) \tag{10.8}$$

und damit

$$\sqrt{-g} = \left(1 + h^\mu{}_\mu + \mathcal{O}(h^2)\right)^{\frac{1}{2}} \overset{\text{Taylor}}{=} \left(1 + \frac{1}{2} h^\mu{}_\mu\right) + \mathcal{O}(h^2) \tag{10.9}$$

ergibt.

---

[149] Wir orientieren uns dazu an Abschnitt 6.1 aus (Ryder, 2009).

Aus (10.6) erhalten wir dann mit (10.9) und (7.36) bei Vernachlässigung von $\mathcal{O}(h^2)$

$$\sqrt{-g}\,g^{\mu\nu} = \left(1 + \frac{1}{2}h^{\lambda}_{\ \lambda}\right)(\eta^{\mu\nu} - h^{\mu\nu})$$

$$= \eta^{\mu\nu} + \frac{1}{2}\eta^{\mu\nu}h^{\lambda}_{\ \lambda} - h^{\mu\nu}. \tag{10.10}$$

Mit (10.10) erhalten wir schließlich

$$\sqrt{-g}\,g^{\mu\nu} = \eta^{\mu\nu} - f^{\mu\nu}$$

$$\Leftrightarrow \qquad \eta^{\mu\nu} + \frac{1}{2}\eta^{\mu\nu}h^{\lambda}_{\ \lambda} - h^{\mu\nu} = \eta^{\mu\nu} - f^{\mu\nu}$$

$$\Leftrightarrow \qquad f^{\mu\nu} = -\frac{1}{2}\eta^{\mu\nu}h^{\lambda}_{\ \lambda} + h^{\mu\nu}. \tag{10.11}$$

Insbesondere können wir aus (10.11) durch Multiplikation mit $\eta_{\mu\nu}$

$$f^{\mu\nu} = -\frac{1}{2}\eta^{\mu\nu}h^{\lambda}{}_{\lambda} + h^{\mu\nu}$$

$$\Leftrightarrow \qquad \eta_{\mu\nu}f^{\mu\nu} = -\frac{1}{2}\eta_{\mu\nu}\eta^{\mu\nu}h^{\lambda}{}_{\lambda} + \eta_{\mu\nu}h^{\mu\nu}$$

$$\Leftrightarrow \qquad f^{\mu}{}_{\mu} = -\frac{1}{2}\eta_{\mu\nu}\eta^{\mu\nu}h^{\lambda}{}_{\lambda} + h^{\mu}{}_{\mu}$$

$$\Leftrightarrow \qquad f^{\mu}{}_{\mu} = -\frac{1}{2}\delta^{\mu}_{\mu}h^{\lambda}{}_{\lambda} + h^{\mu}{}_{\mu}$$

$$\Leftrightarrow \qquad f^{\mu}{}_{\mu} = -\frac{1}{2}\cdot 4h^{\lambda}{}_{\lambda} + h^{\mu}{}_{\mu}$$

$$\Leftrightarrow \qquad f^{\mu}{}_{\mu} = -2h^{\mu}{}_{\mu} + h^{\mu}{}_{\mu}$$

$$\Leftrightarrow \qquad f^{\mu}{}_{\mu} = -h^{\mu}{}_{\mu} \qquad\qquad (10.12)$$

und durch Umstellen

$$h^{\mu\nu} = f^{\mu\nu} + \frac{1}{2}\eta^{\mu\nu}h^{\lambda}{}_{\lambda} \overset{(10.12)}{=} f^{\mu\nu} - \frac{1}{2}\eta^{\mu\nu}f^{\lambda}{}_{\lambda} \qquad (10.13)$$

herleiten. Es ergeben sich weiter

$$h^{\mu}{}_{\nu} = \eta_{\nu\lambda}f^{\mu\lambda} - \frac{1}{2}\eta_{\nu\lambda}\eta^{\mu\lambda}f^{\lambda}{}_{\lambda} = f^{\mu}{}_{\nu} - \frac{1}{2}\delta^{\mu}_{\nu}f^{\lambda}{}_{\lambda} \qquad (10.14)$$

und

$$h_{\mu\nu} = f_{\mu\nu} - \frac{1}{2}\eta_{\mu\nu}f^{\lambda}{}_{\lambda}. \qquad (10.15)$$

Den Ricci-Tensor erhalten wir nun durch Einsetzen von (10.12) und (10.13) in (10.1).

Es resultiert daraus

$$
\begin{aligned}
R_{\mu\nu} \;=\;& \frac{1}{2}\left(f^{\lambda}{}_{\mu} - \frac{1}{2}\delta^{\lambda}_{\mu}f^{\rho}{}_{\rho}\right)_{,\nu\lambda} + \frac{1}{2}\left(f^{\lambda}{}_{\nu} - \frac{1}{2}\delta^{\lambda}_{\nu}f^{\rho}{}_{\rho}\right)_{,\mu\lambda} \\[2mm]
& -\frac{1}{2}\Box f_{\mu\nu} + \frac{1}{4}\eta_{\mu\nu}\Box f^{\rho}{}_{\rho} + \frac{1}{2}f^{\rho}{}_{\rho,\mu\nu} \\[2mm]
\;=\;& \frac{1}{2}f^{\lambda}{}_{\mu,\nu\lambda} - \frac{1}{4}\delta^{\lambda}_{\mu}f^{\rho}{}_{\rho,\nu\lambda} + \frac{1}{2}f^{\lambda}{}_{\nu,\mu\lambda} - \frac{1}{4}\delta^{\lambda}_{\nu}f^{\rho}{}_{\rho,\mu\lambda} \\[2mm]
& -\frac{1}{2}\Box f_{\mu\nu} + \frac{1}{4}\eta_{\mu\nu}\Box f^{\rho}{}_{\rho} + \frac{1}{2}f^{\rho}{}_{\rho,\mu\nu} \\[2mm]
\;=\;& \frac{1}{2}f^{\lambda}{}_{\mu,\nu\lambda} - \frac{1}{4}f^{\rho}{}_{\rho,\nu\mu} + \frac{1}{2}f^{\lambda}{}_{\nu,\mu\lambda} - \frac{1}{4}f^{\rho}{}_{\rho,\mu\nu} \\[2mm]
& -\frac{1}{2}\Box f_{\mu\nu} + \frac{1}{4}\eta_{\mu\nu}\Box f^{\rho}{}_{\rho} + \frac{1}{2}f^{\rho}{}_{\rho,\mu\nu} \\[2mm]
\;=\;& \frac{1}{2}f^{\lambda}{}_{\mu,\nu\lambda} + \frac{1}{2}f^{\lambda}{}_{\nu,\mu\lambda} - \frac{1}{2}\Box f_{\mu\nu} + \frac{1}{4}\eta_{\mu\nu}\Box f^{\rho}{}_{\rho} \\[2mm]
\;=\;& \frac{1}{2}\left(f^{\lambda}{}_{\mu,\nu\lambda} + f^{\lambda}{}_{\nu,\mu\lambda} - \Box f_{\mu\nu} + \frac{1}{2}\eta_{\mu\nu}\Box f^{\rho}{}_{\rho}\right).
\end{aligned}
\tag{10.16}
$$

Nach (6.51) erhalten wir mit (10.16) den Ricci-Skalar

$$R = \eta^{\rho\sigma} R_{\rho\sigma}$$

$$= \frac{1}{2}\eta^{\rho\sigma}\left(f^\lambda{}_{\rho,\sigma\lambda} + f^\lambda{}_{\sigma,\rho\lambda} - \Box f_{\rho\sigma} + \frac{1}{2}\eta_{\rho\sigma}\Box f^\lambda{}_\lambda\right)$$

$$= \frac{1}{2}\left(f^{\lambda\sigma}{}_{,\sigma\lambda} + f^{\lambda\rho}{}_{,\rho\lambda} - \Box f^\rho{}_\rho + \frac{1}{2}\delta^\rho_\rho\Box f^\lambda{}_\lambda\right)$$

$$= \frac{1}{2}\left(f^{\rho\sigma}{}_{,\rho\sigma} + f^{\rho\sigma}{}_{,\rho\sigma} - \Box f^\lambda{}_\lambda + 2\Box f^\lambda{}_\lambda\right)$$

$$= \frac{1}{2}\left(2f^{\rho\sigma}{}_{,\rho\sigma} + \Box f^\lambda{}_\lambda\right)$$

$$= f^{\rho\sigma}{}_{,\rho\sigma} + \frac{1}{2}\Box f^\lambda{}_\lambda. \tag{10.17}$$

Mit (10.16) und (10.17) können wir schließlich die Feldgleichungen (7.24) als

$$-\frac{8\pi G}{c^4}T_{\mu\nu} = R_{\mu\nu} - \frac{1}{2}\eta_{\mu\nu}R$$

$$= \frac{1}{2}\left[\left(f^\lambda{}_{\mu,\nu\lambda} + f^\lambda{}_{\nu,\mu\lambda} - f_{\mu\nu} + \frac{1}{2}\eta_{\mu\nu}f^\rho{}_\rho\right)\right]$$

$$\quad -\frac{1}{2}\left[\eta_{\mu\nu}\left(f^{\lambda\kappa}{}_{,\lambda\kappa} + \frac{1}{2}f^\rho{}_\rho\right)\right]$$

$$= f^\lambda{}_{\mu,\nu\lambda} + f^\lambda{}_{\nu,\mu\lambda} - \Box f_{\mu\nu} + \frac{1}{2}\eta_{\mu\nu}\Box f^\rho{}_\rho$$

$$\quad -\eta_{\mu\nu}f^{\lambda\kappa}{}_{,\lambda\kappa} - \frac{1}{2}\eta_{\mu\nu}\Box f^\rho{}_\rho$$

$$= f^\lambda{}_{\mu,\nu\lambda} + f^\lambda{}_{\nu,\mu\lambda} - \Box f_{\mu\nu} - \eta_{\mu\nu}f^{\lambda\kappa}{}_{,\lambda\kappa} \tag{10.18}$$

schreiben.

Im nächsten Schritt möchten wir die gefundenen Feldgleichungen durch die Koordinatentransformation

$$x^\mu \to x'^\mu = x^\mu + b^\mu(x) \qquad (10.19)$$

weiter vereinfachen. Wir werden die Funktion $b^\mu(x)$ später so wählen, dass sie den von uns aufgestellten Anforderungen der Vereinfachung von (10.18) entsprechen. Zunächst müssen wir jedoch die obigen Rechenschritte mit unseren neuen Koordinaten durchführen.

Dabei fordern wir

$$|b^\mu| \ll 1. \qquad (10.20)$$

Unter (10.19) erhalten wir

$$\frac{\partial x'^\mu}{\partial x^\nu} \overset{(10.19)}{=} \frac{\partial x^\mu}{\partial x^\nu} + \frac{\partial b^\mu(x)}{\partial x^\nu} = \delta_\nu^\mu + b^\mu{}_{,\nu} \qquad (10.21)$$

und

$$
\begin{aligned}
g'^{\mu\nu} &= \frac{\partial x'^\mu}{\partial x^\rho}\frac{\partial x'^\nu}{\partial x^\sigma} g^{\rho\sigma} \\[2mm]
&\overset{(10.21)}{=} \left(\delta_\rho^\mu + b^\mu{}_{,\rho}\right)\left(\delta_\sigma^\nu + b^\nu{}_{,\sigma}\right) g^{\rho\sigma} \\[2mm]
&= g^{\mu\nu} + g^{\mu\sigma}b^\nu{}_{,\sigma} + g^{\rho\nu}b^\mu{}_{,\rho} + \mathcal{O}(b^2) \\[2mm]
&\overset{(10.20)}{=} g^{\mu\nu} + g^{\mu\sigma}b^\nu{}_{,\sigma} + g^{\rho\nu}b^\mu{}_{,\rho} \\[2mm]
&= g^{\mu\nu} + g^{\mu\sigma}b^\nu{}_{,\sigma} + g^{\nu\sigma}b^\mu{}_{,\sigma}. \qquad (10.22)
\end{aligned}
$$

Ferner schreiben wir die rechte Seite von (10.22) in der Matrixform

$$
\begin{pmatrix}
g^{00} + 2g^{0\sigma}b^0{}_{,\sigma} & g^{01} + g^{0\sigma}b^1{}_{,\sigma} + g^{1\sigma}b^0{}_{,\sigma} & \cdots & \cdots \\
\cdots & g^{11} + 2g^{1\sigma}b^1{}_{,\sigma} & \cdots & \cdots \\
\cdots & \cdots & g^{22} + 2g^{2\sigma}b^2{}_{,\sigma} & \cdots \\
\cdots & \cdots & \cdots & g^{33} + 2g^{3\sigma}b^3{}_{,\sigma}
\end{pmatrix}. \qquad (10.23)
$$

Aus (10.23) lesen wir ab, dass alle nicht auf der Diagonalen liegenden Einträge nach (5.36) erster Ordnung in h oder in b sind, sodass der Term mit der führenden Ordnung der Determinanten nach

$$g = \left|g_{\mu\nu}\right| = \left|g^{\mu\nu}\right|^{-1} \Leftrightarrow g^{-1} = \left|g^{\mu\nu}\right| = \prod_{\kappa=0}^{3} g^{\kappa\kappa} \qquad (10.24)$$

durch

$$
\begin{aligned}
g'^{-1} &= \left(g^{00} + 2g^{0\sigma}b^0{}_{,\sigma}\right)\left(g^{11} + 2g^{1\sigma}b^1{}_{,\sigma}\right) \\[2mm]
&\quad \cdot \left(g^{22} + 2g^{2\sigma}b^2{}_{,\sigma}\right)\left(g^{33} + 2g^{3\sigma}b^3{}_{,\sigma}\right) \\[2mm]
&= \left(g^{00} + 2g^{00}b^0{}_{,0}\right)\left(g^{11} + 2g^{11}b^1{}_{,1}\right) \\[2mm]
&\quad \cdot \left(g^{22} + 2g^{22}b^2{}_{,2}\right)\left(g^{33} + 2g^{33}b^3{}_{,3}\right) \\[2mm]
&= g^{-1} + 2g^{11}g^{22}g^{33}g^{00}b^0{}_{,0} + 2g^{00}g^{11}b^1{}_{,1}g^{22}g^{33} \\[2mm]
&\quad + 2g^{00}g^{11}g^{22}b^2{}_{,2}g^{33} + 2g^{00}g^{11}g^{22}g^{33}b^3{}_{,3} \\[2mm]
&= g^{-1} + 2g^{-1}\left(b^0{}_{,0} + b^1{}_{,1} + b^2{}_{,2} + b^3{}_{,3}\right) \\[2mm]
&= g^{-1}\left(1 + 2b^\lambda{}_{,\lambda}\right) \qquad\qquad\qquad (10.25)
\end{aligned}
$$

gegeben ist.

Mit (10.25) erhalten wir

$$g' = g\left(1 + 2b^\lambda{}_{,\lambda}\right)^{-1} \qquad (10.26)$$

und folglich

$$\sqrt{-g'} = \sqrt{-g}\left(1 + 2b^\lambda{}_{,\lambda}\right)^{-\frac{1}{2}} \overset{\text{Taylor}}{=} \sqrt{-g}\left(1 - b^\lambda{}_{,\lambda}\right). \qquad (10.27)$$

Mit (10.27) und (10.22) erhalten wir schließlich bei Vernachlässigung von $\mathcal{O}(b^2)$

$$\sqrt{-g'}\,g'^{\mu\nu} \;=\; \sqrt{-g}\left(1 - b^\lambda{}_\lambda\right)\left(g^{\mu\nu} + g^{\mu\sigma}b^\nu{}_{,\sigma} + g^{\sigma\nu}b^\mu{}_{,\sigma}\right)$$

$$=\; \sqrt{-g}\left(g^{\mu\nu} - g^{\mu\nu}b^\lambda{}_{,\lambda} + g^{\mu\sigma}b^\nu{}_{,\sigma} + g^{\sigma\nu}b^\mu{}_{,\sigma}\right). \qquad (10.28)$$

Wir können nun $f'^{\mu\nu}$ durch

$$\sqrt{-g'}\,g'^{\mu\nu} = \eta^{\mu\nu} - f'^{\mu\nu} \qquad (10.29)$$

definieren und erhalten mit (10.6) und (10.28)

$$f'^{\mu\nu} - f^{\mu\nu} \overset{(10.6)}{=} \eta^{\mu\nu} - \sqrt{-g'}\,g'^{\mu\nu} - \eta^{\mu\nu} + \sqrt{-g}\,g^{\mu\nu}$$

$$= -\sqrt{-g'}\,g'^{\mu\nu} + \sqrt{-g}\,g^{\mu\nu}$$

$$\overset{(10.28)}{=} \sqrt{-g}\left(-g^{\mu\nu} + g^{\mu\nu}b^{\lambda}{}_{,\lambda} - g^{\mu\sigma}b^{\nu}{}_{,\sigma}\right)$$

$$-\sqrt{-g}\left(g^{\sigma\nu}b^{\mu}{}_{,\sigma}\right) + \sqrt{-g}\,g^{\mu\nu}$$

$$= \sqrt{-g}\left(g^{\mu\nu}b^{\lambda}{}_{,\lambda} - g^{\mu\sigma}b^{\nu}{}_{,\sigma} - g^{\sigma\nu}b^{\mu}{}_{,\sigma}\right)$$

$$\overset{(10.10)}{=} \left(\eta^{\mu\nu} + \frac{1}{2}\eta^{\mu\nu}h^{\lambda}{}_{\lambda} - h^{\mu\nu}\right)b^{\lambda}{}_{,\lambda}$$

$$-\left(\eta^{\mu\sigma} + \frac{1}{2}\eta^{\mu\sigma}h^{\lambda}{}_{\lambda} - h^{\mu\sigma}\right)b^{\nu}{}_{,\sigma}$$

$$-\left(\eta^{\sigma\nu} + \frac{1}{2}\eta^{\sigma\nu}h^{\lambda}{}_{\lambda} - h^{\sigma\nu}\right)b^{\mu}{}_{,\sigma}$$

$$= \eta^{\mu\nu}b^{\lambda}{}_{,\lambda} - \eta^{\mu\sigma}b^{\nu}{}_{,\sigma} - \eta^{\sigma\nu}b^{\mu}{}_{,\sigma}$$

$$= \eta^{\mu\nu}b^{\lambda}{}_{,\lambda} - b^{\nu,\mu} - b^{\mu,\nu}. \tag{10.30}$$

Im vorletzten Schritt wurden nur Terme, die linear in b sind, berücksichtigt und die Mischterme bh ignoriert.

Mit (10.30) ergeben sich

$$f'^{\mu\nu} = f^{\mu\nu} - b^{\nu,\mu} - b^{\mu,\nu} + \eta^{\mu\nu}b^{\lambda}{}_{,\lambda} \tag{10.31}$$

und

$$f'^{\mu\nu}{}_{,\nu} = f^{\mu\nu}{}_{,\nu} - b^{\nu,\mu}{}_{,\nu} - b^{\mu,\nu}{}_{,\nu} + \left(\eta^{\mu\nu}b^{\lambda}{}_{,\lambda}\right)_{,\nu}$$

$$= f^{\mu\nu}{}_{,\nu} - \Box b^{\mu} - \left(b^{\nu}{}_{,\nu}\right)^{,\mu} + \left(b^{\lambda}{}_{,\lambda}\right)^{,\mu}$$

$$= f^{\mu\nu}{}_{,\nu} - \Box b^{\mu}. \tag{10.32}$$

Aus (10.31) erhalten wir

$$f^{\mu\nu} = f'^{\mu\nu} + b^{\nu,\mu} + b^{\mu,\nu} - \eta^{\mu\nu}b^{\lambda}{}_{,\lambda} \tag{10.33}$$

und

$$f^{\mu}{}_{\nu} = \eta_{\lambda\nu}f^{\mu\lambda}$$

$$= \eta_{\lambda\nu}f'^{\mu\lambda} + \eta_{\lambda\nu}b^{\lambda,\mu} + \eta_{\lambda\nu}b^{\mu,\lambda} - \eta_{\lambda\nu}\eta^{\mu\lambda}b^{\lambda}{}_{,\lambda}$$

$$= f'^{\mu}{}_{\nu} + b_{\nu}{}^{,\mu} + b^{\mu}{}_{,\nu} - \delta^{\mu}_{\nu}b^{\lambda}{}_{,\lambda} \tag{10.34}$$

sowie

$$f_{\mu\nu} = f'_{\mu\nu} + b_{\nu,\mu} + b_{\mu,\nu} - \eta_{\mu\nu}b^{\lambda}{}_{,\lambda}. \tag{10.35}$$

Wir möchten nun b^{μ} so wählen, dass

$$f^{\mu\nu}{}_{,\nu} = \Box b^{\mu} \tag{10.36}$$

gilt, damit das Erhaltungsgesetz

$$f'^{\mu\nu}{}_{,\nu} = 0 \tag{10.37}$$

folgt.

Wegen (10.37) folgt aus (10.29)

$$\left(\sqrt{-g'}g'^{\mu\nu}\right)_{,\nu} = 0. \tag{10.38}$$

Bedingung (10.38) nennt Paul Adrien Maurice Dirac[150] harmonische Bedingung. Die Koordinaten, in denen (10.38) gilt, heißen dementsprechend auch harmonische Koordinaten, weil sie die beste Näherung zu geradlinigen Koordinaten darstellen.[151] Wir wollen nun die Feldgleichungen (10.18) mithilfe von (10.33)–(10.35) durch $f'^{\mu\nu}$ ausdrücken.

Dazu schreiben wir

$$f^\lambda{}_{\mu,\nu\lambda} + f^\lambda{}_{\nu,\mu\lambda} - \Box f_{\mu\nu} - \eta_{\mu\nu} f^{\lambda\kappa}{}_{,\lambda\kappa} = -\frac{16\pi G}{c^4} T_{\mu\nu}$$

$$\Leftrightarrow \quad \left(f'^\lambda{}_\mu + b_\mu{}^{,\lambda} + b^\lambda{}_{,\mu} - \delta^\lambda_\mu b^\kappa{}_{,\kappa}\right)_{,\nu\lambda}$$

$$+\left(f'^\lambda{}_\nu + b_\nu{}^{,\lambda} + b^\lambda{}_{,\nu} - \delta^\lambda_\nu b^\kappa{}_{,\kappa}\right)_{,\mu\lambda}$$

$$-\Box\left(f'_{\mu\nu} + b_{\nu,\mu} + b_{\mu,\nu} - \eta_{\mu\nu} b^\lambda{}_{,\lambda}\right)$$

$$-\eta_{\mu\nu}\left(f'^{\lambda\kappa} + b^{\lambda,\kappa} + b^{\kappa,\lambda} - \eta^{\lambda\kappa} b^\rho{}_{,\rho}\right)_{,\lambda\kappa}$$

$$= -\frac{16\pi G}{c^4} T_{\mu\nu}$$

[150]   [1902-1984]
[151]   Hintergründe zu den harmonischen Koordinaten finden sich in Kapitel 22 aus (Dirac, 1975).

$$\Leftrightarrow \quad f'^{\lambda}{}_{\mu,\nu\lambda} + b_{\mu,\nu\lambda}{}^{,\lambda} + b^{\lambda}{}_{,\mu\nu\lambda} - \delta^{\lambda}_{\mu} b^{\kappa}{}_{,\kappa\nu\lambda} + f'^{\lambda}{}_{\nu,\mu\lambda}$$

$$+ b_{\nu,\mu\lambda}{}^{,\lambda} + b^{\lambda}{}_{,\nu\mu\lambda}$$

$$- \delta^{\lambda}_{\nu} b^{\kappa}{}_{,\kappa\mu\lambda} - \Box f'{}_{\mu\nu} - \Box b_{\nu,\mu} - \Box b_{\mu,\nu} + \eta_{\mu\nu} \Box b^{\lambda}{}_{,\lambda}$$

$$- \eta_{\mu\nu} f'^{\lambda\kappa}{}_{,\lambda\kappa} - \eta_{\mu\nu} b^{\lambda,\kappa}{}_{,\lambda\kappa} - \eta_{\mu\nu} b^{\kappa,\lambda}{}_{,\lambda\kappa} + \eta_{\mu\nu} \eta^{\lambda\kappa} b^{\rho}{}_{,\rho\lambda\kappa}$$

$$= \quad -\frac{16\pi G}{c^4} T_{\mu\nu}$$

(10.2)
$$\Leftrightarrow \quad f'^{\lambda}{}_{\mu,\nu\lambda} + b_{\mu,\nu\lambda}{}^{,\lambda} + b^{\lambda}{}_{,\mu\nu\lambda} - b^{\lambda}{}_{,\lambda\nu\mu} + f'^{\lambda}{}_{\nu,\mu\lambda}$$

$$+ b_{\nu,\mu\lambda}{}^{,\lambda} + b^{\lambda}{}_{,\nu\mu\lambda}$$

$$- b^{\lambda}{}_{,\lambda\mu\nu} - \Box f'{}_{\mu\nu} - b_{\nu,\mu\lambda}{}^{,\lambda} - b_{\mu,\nu\lambda}{}^{,\lambda} + \eta_{\mu\nu} b^{\kappa,\lambda}{}_{,\lambda\kappa}$$

$$- \eta_{\mu\nu} f'^{\lambda\kappa}{}_{,\lambda\kappa} - \eta_{\mu\nu} b^{\lambda,\kappa}{}_{,\lambda\kappa} - \eta_{\mu\nu} b^{\kappa,\lambda}{}_{,\lambda\kappa} + \eta_{\mu\nu} b^{\lambda,\kappa}{}_{,\lambda\kappa}$$

$$= \quad -\frac{16\pi G}{c^4} T_{\mu\nu}$$

$$\Leftrightarrow \quad f'^{\lambda}{}_{\mu,\nu\lambda} + f'^{\lambda}{}_{\nu,\mu\lambda} - \Box f'{}_{\mu\nu} - \eta_{\mu\nu} f'^{\lambda\kappa}{}_{,\lambda\kappa} = -\frac{16\pi G}{c^4} T_{\mu\nu}. \qquad \textbf{(10.39)}$$

Wir setzen nun (10.37) in (10.39) ein und schreiben anstelle von $f'{}_{\mu\nu}$ jetzt $f_{\mu\nu}$.

Damit ergibt sich

$$\Box f'_{\mu\nu} + \eta_{\mu\nu} f'^{\kappa\lambda}{}_{,\kappa\lambda} - f'^{\kappa}{}_{\mu,\nu\kappa} - f'^{\kappa}{}_{\nu,\mu\kappa} = \frac{16\pi G}{c^4} T_{\mu\nu}$$

$$\overset{(10.37)}{\Leftrightarrow} \quad \Box f'_{\mu\nu} = \frac{16\pi G}{c^4} T_{\mu\nu}$$

$$\Leftrightarrow \quad \Box f_{\mu\nu} = \frac{16\pi G}{c^4} T_{\mu\nu}. \tag{10.40}$$

Wegen (10.29) und (10.38) genügt die Lösung von (10.40) der harmonischen Bedingung

$$f^{\mu\nu}{}_{,\nu} = \left(\sqrt{-g}\, g^{\mu\nu}\right)_{,\nu} = 0 \tag{10.41}$$

mit

$$f^{\mu\nu} \overset{(10.11)}{=} h^{\mu\nu} - \frac{1}{2}\eta^{\mu\nu} h^{\lambda}{}_{\lambda}$$

$$g_{\mu\nu} \overset{(5.29)}{=} \eta_{\mu\nu} + h_{\mu\nu}, \qquad g^{\mu\nu} \overset{(7.36)}{=} \eta^{\mu\nu} - h^{\mu\nu}. \tag{10.42}$$

Vergleichen wir nun die in den harmonischen Koordinaten aufgestellte Feldgleichung (10.40) mit (10.18), wird die Legitimation zur Verwendung der harmonischen Koordinaten offensichtlich.

So weist (10.40) zusammen mit (10.41) im Gegensatz zu (10.18) eine formale Analogie zu den Maxwell-Gleichungen unter der Lorenz-Eichung

$$\Box A_{\mu} = J_{\mu}, \qquad A^{\mu}{}_{,\mu} = 0 \tag{10.43}$$

auf. Damit ist die Bedingung der harmonischen Koordinaten in der ART eine Analogie zu der Lorenz-Eichbedingung im Elektromagnetismus. Auf Grundlage dieser Analogie können wir die Lösung von (10.40) wie in der Elektrodynamik mit Termen retardierter Potentiale[152] angeben.

---

[152]   Retardierte Potentiale bewirken eine Feldänderung mit endlicher Geschwindigkeit. Sie werden deshalb auch als verzögernde Potentiale bezeichnet. Hintergründe zum retardierten Potential finden sich in Kapitel III, §6, Abschnitt 4 aus (Courant und Hilbert, 1937).

Es gilt

$$f_{\mu\nu}(\mathbf{r}, t) = \frac{1}{4\pi} \frac{16\pi G}{c^4} \int \frac{1}{|\mathbf{r} - \mathbf{r}'|} T_{\mu\nu}\left(\mathbf{r}', t - \frac{|\mathbf{r} - \mathbf{r}'|}{c}\right) d^3x'. \tag{10.44}$$

Dabei gibt $\mathbf{r}'$ den Abstand eines Punktes Q vom Ursprung und $\mathbf{r}$ den Abstand eines Punktes P vom Ursprung an. Der Abstand zwischen P und Q wird somit über $|\mathbf{r} - \mathbf{r}'|$ angegeben. Der Punkt Q liegt damit im Vergangenheits-Lichtkegel von P. Damit hängt das retardierte Potential bei P von der Energie-Impuls-Verteilung bei Q ab. Wir erwägen daher zwei partikuläre Lösungen, von denen die erste eine statische Massenverteilung beinhaltet.

10.2   Statische Massenverteilung

Im Fall einer statischen Massenverteilung ρ wissen wir aus (7.31), dass

$$T^{00} = c^2\rho = -T_{00}, \qquad T_{\mu\nu} = 0 \text{ sonst} \tag{10.45}$$

gilt. Insbesondere ist ρ im statischen Fall unabhängig von der Zeitkomponente x^0. Da der Energie-Impuls-Tensor $T_{\mu\nu}$ dem Erhaltungsgesetz (10.5) genügt und ρ die einzige Quelle des Gravitationsfeldes ist, ist das Feld somit auch statisch.

Im statischen Fall vereinfacht sich (10.40) zu

$$f_{\mu\nu} = \frac{16\pi G}{c^4} T_{\mu\nu} \overset{(10.45)}{\Leftrightarrow} \nabla^2 f_{00} = -\frac{16\pi G}{c^2}\rho, \qquad \nabla^2 f_{\mu\nu} = 0 \text{ sonst.} \tag{10.46}$$

Im Newton'schen Grenzfall genügt das Potential Φ der Poisson-Gleichung (2.6), sodass wir f_{00} mit (10.46) über Φ ausdrücken können. Damit gilt

$$f_{00} = -\frac{4}{c^2}\Phi, \qquad f_{\mu\nu} = 0 \text{ sonst.} \tag{10.47}$$

Der Fall $\nabla^2 f_{\mu\nu} = 0$ spiegelt entsprechend die Laplace-Gleichung (2.7) wider. Wir wollen nun den metrischen Tensor $g_{\mu\nu}$ über $f_{\mu\nu}$ ausdrücken, um im Anschluss das Wegelement ds^2 bestimmen zu können. Nach (5.29) gilt

$$g_{\mu\nu} = \eta_{\mu\nu} + h_{\mu\nu} \overset{(10.13)}{=} \eta_{\mu\nu} + f_{\mu\nu} - \frac{1}{2}\eta_{\mu\nu}f^\lambda{}_\lambda. \tag{10.48}$$

Die einzelnen Komponenten des metrischen Tensors lauten entsprechend (10.48)

$$g_{00} = \eta_{00} + f_{00} - \frac{1}{2}\eta_{00}f^0{}_0 = 1 + f_{00} - \frac{1}{2}f_{00}$$

$$= 1 + \frac{1}{2}f_{00} \overset{(10.47)}{=} 1 + \frac{2\Phi}{c^2}, \tag{10.49}$$

$$g_{ik} = -\delta_{ik} + f_{ik} + \frac{1}{2}\delta_{ik}f^0{}_0$$

$$= \delta_{ik}\left(-1 + \frac{1}{2}\eta^{00}f_{00}\right) + f_{ik} \overset{(10.47)}{=} -\delta_{ik}\left(1 - \frac{2\Phi}{c^2}\right), \tag{10.50}$$

$$g_{i0} = \eta_{i0} + f_{i0} - \frac{1}{2}\eta_{i0}f^\lambda{}_\lambda \overset{(10.47)}{=} 0. \tag{10.51}$$

Mit (10.49)–(10.51) können wir nun das Wegelement ds^2 als

$$ds^2 = \left(1 + \frac{2\Phi}{c^2}\right)c^2dt^2 - \left(1 - \frac{2\Phi}{c^2}\right)(dx^2 + dy^2 + dz^2) \tag{10.52}$$

schreiben. Das Wegelement (10.52) beschreibt die Raumzeitmetrik im Fall einer statischen Massenverteilung in linearer Näherung. Im Gegensatz zur SM gilt (10.52) mit $M = M(r)$ sowohl innerhalb als auch außerhalb der Massenverteilung. Im Spezialfall einer sphärisch-symmetrischen Massenverteilung können wir Φ nach (2.12) ausdrücken und (10.52) mit dem Schwarzschild-Radius (8.43) als

$$ds^2 = \left(1 - \frac{r_S}{r}\right)c^2dt^2 - \left(1 + \frac{r_S}{r}\right)(dx^2 + dy^2 + dz^2) \tag{10.53}$$

schreiben. Falls keine sphärisch-symmetrische Massenverteilung vorliegt, nutzen wir außerhalb der Massenverteilung die Multipolentwicklung

$$\Phi = -\frac{MG}{r} + \cdots. \tag{10.54}$$

An dieser Stelle möchten wir bemerken, dass (10.53) offenbar mit der Schwarzschild-Lösung aus (8.44) in linearer Approximation übereinstimmt, wenn man in Kugelkoordinaten übergeht und die Näherung

$$\left(1 - \frac{r_S}{r}\right)^{-1} \overset{\text{Taylor}}{=} 1 + \frac{r_S}{r} \tag{10.55}$$

verwendet.

Die Schwarzschild-Lösung auf diesem Weg herzuleiten ist genauer als die Vorgehensweise in Kapitel 8, weil wir dort die Schwarzschild-Lösung als Lösung der Vakuum-Feldgleichungen (7.28) gefunden haben. Das eigentliche Ziel bestand jedoch in der Herleitung der Lösung für den statischen und sphärisch-symmetrischen Fall der Massenverteilung. Da wir von den Vakuum-Feldgleichungen ausgegangen sind, haben wir uns die Herleitung in Kapitel 8 vereinfacht.

10.3   Rotierende Quelle

Im Folgenden möchten wir einen homogenen, symmetrischen Zylinder im euklidischen Raum betrachten, der sich mit konstanter Winkelgeschwindigkeit $\omega = \frac{d\phi}{dt}$ und Rotationswinkel $\phi = \omega t$ um die $z = x^3$-Achse dreht. Die x^3-Achse verläuft dabei durch die Mittelpunkte der Zylinderdeckel. Weiterhin nehmen wir an, dass für die Geschwindigkeit v eines Referenzpunktes auf dem Kreisrand der Oberfläche des Körpers $v \ll c$ gelte. Wegen der Drehung um die x^3-Achse hat der Geschwindigkeitsvektor beim Übergang in Polarkoordinaten die Form[153]

$$v = \left(v_x, v_y, 0\right) = v(-\sin\phi, \cos\phi, 0). \tag{10.56}$$

Da wir wieder nur die lineare Approximation betrachten, ignorieren wir alle Terme, die höherer Ordnung in $\frac{v}{c}$ sind.

Damit ergibt sich für den Energie-Impuls-Tensor aus (7.10)

$$T^{00} = c^2\rho = -T_{00},$$

$$T^{01} = \eta^{00}T_{01}\eta^{11} = -T_{01} = c\rho v_x = -c\rho v \sin\phi = T^{10},$$

$$T^{02} = c\rho v_y = c\rho v \cos\phi = T^{20},$$

$$T^{\mu\nu} = 0, \qquad \text{sonst.} \tag{10.57}$$

Wir bezeichnen nun die Koordinaten eines im rotierenden Körper befindlichen Punktes Q mit

$$(X, Y, Z) = (X^1, X^2, X^3) = (X_1, X_2, X_3) \tag{10.58}$$

---

[153]   Grundsätzliches zur gleichförmigen Kreisbewegung findet sich beispielsweise in Unterabschnitt 2.4.1 aus (Demtröder, 2015).

und die eines außerhalb liegenden Punktes P mit

$$(x, y, z) = (x^1, x^2, x^3) = (x_1, x_2, x_3). \tag{10.59}$$

Folglich gilt

$$r^2 = x^i x_i, \qquad R^2 = X^i X_i, \tag{10.60}$$

wobei r bzw. R den Abstand vom Ursprung zu P bzw. zu Q bezeichnet. Im Fall $R \ll r$ gilt

$$|\boldsymbol{r} - \boldsymbol{R}| = (r^2 - 2\boldsymbol{r} \cdot \boldsymbol{R} + R^2)^{\frac{1}{2}} \overset{\text{Taylor}}{=} r \left(1 - \frac{\boldsymbol{r} \cdot \boldsymbol{R}}{r^2}\right) + \cdots$$

$$|\boldsymbol{r} - \boldsymbol{R}|^{-1} = (r^2 - 2\boldsymbol{r} \cdot \boldsymbol{R} + R^2)^{-\frac{1}{2}} \overset{\text{Taylor}}{=} \frac{1}{r}\left(1 + \frac{\boldsymbol{r} \cdot \boldsymbol{R}}{r^2}\right) + \cdots. \tag{10.61}$$

Die Feldgleichungen (10.40) mit $i = 1, 2$ lauten im Fall von (10.57)

$$\Box f_{00} = \frac{16\pi G}{c^2} \rho, \qquad \Box f_{0i} = \frac{16\pi G}{c^4} T_{0i}, \qquad \Box f_{\mu\nu} = 0, \qquad \text{sonst.} \tag{10.62}$$

Da wegen der Konstanz der Winkelgeschwindigkeit ein stationäres Gravitationsfeld vorliegt, ist $f_{\mu\nu}$ nicht explizit von x^0 abhängig. Die Rechnung für die erste Gleichung aus (10.62) folgt demnach der (10.46) nachgestellten Argumentation. So ergibt sich

$$\nabla^2 f_{00} = -\frac{16\pi G}{c^2} \rho \tag{10.63}$$

mit der Lösung

$$g_{00} = 1 + \frac{2\Phi}{c^2}, \qquad \Phi = -\frac{GM}{r} + \cdots \tag{10.64}$$

außerhalb des Zylinders. Wir können wegen der Zylindersymmetrie nicht von einem sphärisch-symmetrischen Gravitationsfeld ausgehen, sodass wir (10.54) verwenden müssen. Um die noch fehlenden f_{0i} aus (10.62) zu bestimmen, setzen wir (10.61) in (10.44) ein.

Wir bemerken, dass die $T_{\mu\nu}$ aus (10.57) unabhängig von R und t sind, sodass wir damit

$$f_{ik} \quad = \quad \frac{4G}{c^4} \int |r - R|^{-1} T_{ik} d^3 X$$

$$\overset{(10.61)}{=} \quad \frac{4G}{c^4} \int \frac{1}{r}\left(1 + \frac{r \cdot R}{r^2}\right) T_{ik} d^3 X + \cdots$$

$$\overset{(10.60)}{=} \quad \frac{4G}{c^4}\left(\frac{1}{r} \int T_{ik} d^3 X + \frac{x^j}{r^3} \int X_j T_{ik} d^3 X + \cdots\right) \qquad \textbf{(10.65)}$$

erhalten.

Zuerst wollen wir f_{01} berechnen und setzen dazu T_{01} aus (10.57) in (10.65) ein.

Zudem verwenden wir $v_x = \frac{dX^1}{dt}$ und vernachlässigen Terme höherer Ordnung,

sodass

$$f_{01} = \frac{4G\rho}{c^3}\left(-\frac{1}{r} \int \frac{dX^1}{dt} d^3 X - \frac{x^j}{r^3} \int X_j \frac{dX^1}{dt} d^3 X\right) \qquad \textbf{(10.66)}$$

gilt. Wir wollen zunächst das Integral $\int \frac{dX^1}{dt} d^3 X$ auswerten, was einer Integration

von $\frac{dX^1}{dt}$ über eine Kreisbewegung in der (X^1, X^2)-Ebene entspricht. Nun gilt nach

(10.56)

$$v = \left(\frac{dX^1}{dt}, \frac{dX^2}{dt}, 0\right). \qquad \textbf{(10.67)}$$

Bei einer Kreisbewegung steht der Geschwindigkeitsvektor v bekanntlich tangential auf der Kreisbahn.

Die Komponenten von v ändern ihr Vorzeichen in den vier Quadranten entsprechend Abbildung 10.1.

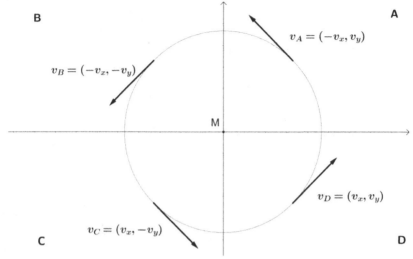

Abbildung 10.1: Vorzeichen der Komponenten des Geschwindigkeitsvektors beim Umlaufen einer Kreisbahn.

Offenbar hat die X^1-Komponente des Geschwindigkeitsvektors in den Quadranten A und B ein negatives und in den Quadranten C und D ein positives Vorzeichen. Aufgrund dieser Symmetrie gilt für das erste Integral aus (10.66)

$$\int \frac{dX^1}{dt} d^3X = 0. \tag{10.68}$$

Mit (10.68) reduziert sich (10.66) auf

$$f_{01} = -\frac{4G\rho}{c^3} \frac{x^j}{r^3} \int X_j \frac{dX^1}{dt} d^3X. \tag{10.69}$$

Wir müssen nun die verbleibenden drei Integrale aus (10.69) bestimmen. Dazu betrachten wir erneut die Vorzeichen in den einzelnen Quadranten aus Abbildung 10.1. Der erste zu bestimmende Term $X^1 \frac{dX^1}{dt}$ hat in den Quadranten A und C ein negatives und in den Quadranten B und C ein positives Vorzeichen. Die Ursache dafür ist der zusätzliche X^1-Term, der in den Quadranten A und D ein positives und in den Quadranten B und C ein negatives Vorzeichen hat.

Diese Symmetrie bewirkt schließlich

$$\int X^1 \frac{dX^1}{dt} d^3X = 0. \tag{10.70}$$

Der Term X^2 hat in den Quadranten A und B ein positives und in den Quadranten C und D ein negatives Vorzeichen, weshalb der Term $X^2 \frac{dX^1}{dt}$ in allen Quadranten ein negatives Vorzeichen hat und damit

$$\int X^2 \frac{dX^1}{dt} d^3X \neq 0 \tag{10.71}$$

gilt. Für das letzte Integral gilt

$$\int X^3 \frac{dX^1}{dt} d^3X = 0, \tag{10.72}$$

weil X^3 immer das gleiche Vorzeichen hat und die Argumentation wieder dem ersten betrachteten Fall (10.68) folgt. Zusammenfassend stellen wir fest, dass lediglich das zweite Integral einen Beitrag leistet und sich (10.69) deshalb weiter auf

$$f_{01} = -\frac{4G\rho}{c^3} \frac{x^2}{r^3} \int X_2 \frac{dX^1}{dt} d^3X$$

$$\overset{(10.58),(10.59)}{=} -\frac{4G\rho}{c^3} \frac{y}{r^3} \int Y \frac{dX}{dt} d^3X \tag{10.73}$$

reduziert.

Wegen

$$T^{01} = -T_{01} = c\rho \frac{dX}{dt} = -c\rho v \sin\phi \tag{10.74}$$

können wir (10.73) auch als

$$f_{01} = \frac{4G}{c^4} \frac{y}{r^3} \int Y T_{01} d^3X = -\frac{4G}{c^4} \frac{y}{r^3} \int Y T^{01} d^3X \tag{10.75}$$

schreiben. Analog ergibt sich

$$f_{02} = \frac{4G}{c^4} \frac{x}{r^3} \int X T_{02} d^3X = -\frac{4G}{c^4} \frac{x}{r^3} \int X T^{02} d^3X. \tag{10.76}$$

Wir erinnern uns an dieser Stelle an das Erhaltungsgesetz (10.5).

Wegen der statischen Massenverteilung und der damit verbundenen Zeitunabhängigkeit von $T^{\mu 0}$ gilt nun zusätzlich

$$T^{\mu 0}{}_{,0} = 0. \qquad (10.77)$$

Aufgrund der vorherrschenden Zylindersymmetrie gilt zudem

$$T^{\mu 3} = 0. \qquad (10.78)$$

Wegen der linearen Näherung betrachten wir nur die Terme aus (10.57), sodass nur Terme mit $\mu = 0$ relevant sind. Unter Berücksichtigung all dieser Bedingungen reduziert sich (10.5) auf

$$T^{0i}{}_{,i} = T^{01}{}_{,1} + T^{02}{}_{,2} = 0, \qquad i = 1, 2. \qquad (10.79)$$

Wir betrachten nun für $i = 1, 2$ den Ausdruck

$$(X^k X^m T^{0i})_{,i} = X^k{}_{,i} X^m T^{0i} + X^k X^m{}_{,i} T^{0i} + X^k X^m T^{0i}{}_{,i}$$

$$\overset{(10.79)}{=} \delta^k_i X^m T^{0i} + X^k \delta^m_i T^{0i}$$

$$= X^m T^{0k} + X^k T^{0m}$$

$$\Leftrightarrow \quad (X^k X^m T^{0i})_{,i} - X^m T^{0k} - X^k T^{0m} = 0$$

$$\Leftrightarrow \quad \int (X^k X^m T^{0i})_{,i} d^3 X$$

$$- \int X^m T^{0k} d^3 X - \int X^k T^{0m} d^3 X = 0. \qquad (10.80)$$

Das erste Integral aus (10.80) verschwindet wegen des Satzes von Gauß,[154] weil der sich drehende Zylinder räumlich begrenzt ist und deswegen das Oberflächenintegral im Unendlichen verschwindet.

---

[154]   Siehe dazu z.B. §26, Kapitel 4 aus (Fischer und Kaul, 2007).

Damit reduziert sich (10.80) auf

$$-\int X^m T^{0k} d^3 X - \int X^k T^{0m} d^3 X = 0$$

$$\Leftrightarrow \quad \int X^m T^{0k} d^3 X = -\int X^k T^{0m} d^3 X$$

$$\Leftrightarrow \quad \int X^m T^{0k} d^3 X - \int X^k T^{0m} d^3 X = -2 \int X^k T^{0m} d^3 X$$

$$\Leftrightarrow \quad \frac{1}{2} \int (X^m T^{0k} - X^k T^{0m}) d^3 X = -\int X^k T^{0m} d^3 X$$

$$= \quad \int X^m T^{0k} d^3 X.$$

$$\overset{(10.58)}{\Leftrightarrow} \quad \frac{1}{2} \int (X T^{02} - Y T^{01}) d^3 X = -\int Y T^{01} d^3 X$$

$$= \quad \int X T^{02} d^3 X. \tag{10.81}$$

Dem aufmerksamen Leser wird nun nicht entgangen sein, dass die beiden letzten Integrale aus (10.81) in (10.75) und (10.76) auftreten. Um jedoch die f_{0i} über (10.81) ausdrücken zu können, müssen wir zunächst einen Ausdruck für $\int (X T^{02} - Y T^{01}) d^3 X$ finden.[155]

Dazu definieren wir zunächst den Tensor $M^{\gamma\alpha\beta}$ aus der SRT gemäß

$$M^{\gamma\alpha\beta} := X^\alpha T^{\beta\gamma} - X^\beta T^{\alpha\gamma}. \tag{10.82}$$

---

[155]   Wir gehen im Folgenden nach Abschnitt 2.9 aus (Weinberg, 1972) und §32 aus (Landau und Lifshitz, 1971) vor.

Offenbar gilt

$$M^{\gamma\alpha\beta}{}_{,\gamma} \;=\; \left(X^\alpha T^{\beta\gamma} - X^\beta T^{\alpha\gamma}\right)_{,\gamma}$$

$$=\; X^\alpha{}_{,\gamma} T^{\beta\gamma} + X^\alpha T^{\beta\gamma}{}_{,\gamma} - X^\beta{}_{,\gamma} T^{\alpha\gamma} - X^\beta T^{\alpha\gamma}{}_{,\gamma}$$

$$\overset{(10.5)}{=}\; \delta^\alpha_\gamma T^{\beta\gamma} - \delta^\beta_\gamma T^{\alpha\gamma}$$

$$=\; T^{\beta\alpha} - T^{\alpha\beta}$$

$$\overset{(7.11)}{=}\; 0, \tag{10.83}$$

wodurch gezeigt ist, dass $M^{\gamma\alpha\beta}$ eine Erhaltungsgröße ist.
Wir können nun den Drehimpuls-Tensor

$$J^{\alpha\beta} := \frac{1}{c} \int M^{0\alpha\beta} d^3X = -J^{\beta\alpha} \tag{10.84}$$

definieren. Wegen (10.83) ist $J^{\alpha\beta}$ zeitunabhängig und nach Definition von $M^{\gamma\alpha\beta}$ ein Tensor. Mit (10.82) erhalten wir aus (10.84) insbesondere

$$J^{ij} = \frac{1}{c} \int (X^i T^{j0} - X^i T^{j0}) d^3X. \tag{10.85}$$

Die J^{23}-, J^{31}- und J^{12}-Komponenten des Drehimpuls-Tensors entsprechen den J^1-, J^2- und J^3-Komponenten des Drehimpulses im euklidischen Raum.
Wir betrachten deshalb für den Fall des rotierenden Zylinders

$$J^{12} \overset{\text{Euklid}}{=} J^3$$

$$=\; \frac{1}{c} \int (X^1 T^{02} - X^2 T^{01}) d^3X$$

$$=\; \frac{1}{c} \int (X T^{02} - Y T^{01}) d^3X. \tag{10.86}$$

Mit (10.86) haben wir einen Ausdruck für $\int (X T^{02} - Y T^{01}) d^3X$ gefunden, mit dessen Hilfe wir die f_{0i} über (10.81) ausdrücken können.

Es ergibt sich damit

$$f_{01} \quad = \quad -\frac{4G}{c^4}\frac{y}{r^3}\int YT^{01}d^3X$$

$$\overset{(10.81)}{=} \quad \frac{2G}{c^4}\frac{y}{r^3}\int (XT^{02} - YT^{01})d^3X$$

$$\overset{(10.86)}{=} \quad \frac{2GyJ^3}{c^3r^3} \tag{10.87}$$

$$f_{02} \quad = \quad -\frac{4G}{c^4}\frac{x}{r^3}\int XT^{02}d^3X$$

$$\overset{(10.81)}{=} \quad -\frac{2G}{c^4}\frac{x}{r^3}\int (XT^{02} - YT^{01})d^3X$$

$$\overset{(10.86)}{=} \quad -\frac{2GxJ^3}{c^3r^3}. \tag{10.88}$$

Mit (10.87) und (10.88) haben wir die Lösungen der Feldgleichungen im zylindersymmetrischen Fall einer rotierenden Quelle gefunden. Von eigentlichem Interesse ist jedoch eine rotierende, kugelförmige Quelle und infolgedessen der sphärisch-symmetrische Fall.

In grober Näherung sind die Drehimpulse einer rotierenden massiven Kugel und eines rotierenden massiven Zylinders ungefähr gleich[156], weshalb wir (10.87) und (10.88) für den Fall der rotierenden Erde übernehmen und daher

$$f_{0i} = \frac{2G}{c^3r^3}\epsilon_{ikm}x^kJ^m \tag{10.89}$$

annehmen.

---

[156]   Siehe dazu auch Abschnitt 5.5 aus (Demtröder, 2015), demzufolge $J_Z = I_Z\omega = \frac{1}{2}mr_Z^2\omega$ und $J_K = I_K\omega = \frac{2}{5}mr_K^2\omega$ gilt, wobei r_Z den Zylinder- und r_K den Kugelradius bezeichnet.

In linearer Näherung resultiert aus (10.53) und (10.89) der metrische Tensor

$$g_{00} = 1 - \frac{r_S}{r} = 1 - \frac{2GM}{rc^2} = 1 + \frac{2\Phi}{c^2},$$

$$g_{ik} = -\left(1 + \frac{r_S}{r}\right)\delta_{ik} = -\left(1 + \frac{2GM}{rc^2}\right)\delta_{ik}$$

$$= -\left(1 - \frac{2\Phi}{c^2}\right)\delta_{ik},$$

$$g_{i0} \overset{(10.51)}{=} \eta_{0i} + f_{0i} - \frac{1}{2}\eta_{0i}f^\lambda{}_\lambda \overset{(10.89)}{=} \frac{2G}{r^3c^3}\epsilon_{ikm}x^k J^m \qquad (10.90)$$

$$= \zeta_i$$

außerhalb einer sphärisch-symmetrischen, gravitierenden Masse. Im letzten Schritt haben wir die Größe

$$\zeta_i := g_{0i} = \frac{2G}{r^3c^3}\epsilon_{ikm}x^k J^m \qquad (10.91)$$

definiert. Wir bemerken an dieser Stelle, dass $\zeta_i = \zeta^i$ gilt, weshalb wir im Folgenden stets ζ_i schreiben. Im betrachteten Fall der rotierenden Erde sind die Größen $\frac{r_S}{r}$ und ζ_i dimensionslos, zeitunabhängig und von der Größenordnung $\frac{r_S}{r} \sim 10^{-9}$ und $\zeta_i \sim 10^{-17}$. Bei der Berechnung von $g^{\mu\nu}$ können daher Terme in $r_S^2, r_S\zeta_i$ und $\zeta_i\zeta_k$ ignoriert werden.

Für die Determinante von $g_{\mu\nu}$ ergibt sich dann bei Dominanz der Diagonaleinträge

$$
\begin{aligned}
g \quad &= \quad \det g_{\mu\nu} \\[2ex]
&\approx \quad -\left(1 - \frac{r_S}{r}\right)\left(1 + \frac{r_S}{r}\right)^3 \\[2ex]
&\approx \quad -\left(1 + \frac{r_S}{r}\right)^2 \\[2ex]
&\approx \quad \left(2\frac{r_S}{r} - 1\right) \\[2ex]
&= \quad -\left(1 + 4\frac{\Phi}{c^2}\right).
\end{aligned}
\tag{10.92}
$$

In Matrixschreibweise lautet (10.90) somit

$$
g_{\mu\nu} = \begin{pmatrix}
\left(1 + \dfrac{2\Phi}{c^2}\right) & \zeta_1 & \zeta_2 & \zeta_3 \\[2ex]
\zeta_1 & -\left(1 - \dfrac{2\Phi}{c^2}\right) & 0 & 0 \\[2ex]
\zeta_2 & 0 & -\left(1 - \dfrac{2\Phi}{c^2}\right) & 0 \\[2ex]
\zeta_3 & 0 & 0 & -\left(1 - \dfrac{2\Phi}{c^2}\right)
\end{pmatrix}
\tag{10.93}
$$

bzw.

$$
g^{\mu\nu} = \begin{pmatrix}
\left(1 - \dfrac{2\Phi}{c^2}\right) & \zeta_1 & \zeta_2 & \zeta_3 \\[2ex]
\zeta_1 & -\left(1 + \dfrac{2\Phi}{c^2}\right) & 0 & 0 \\[2ex]
\zeta_2 & 0 & -\left(1 + \dfrac{2\Phi}{c^2}\right) & 0 \\[2ex]
\zeta_3 & 0 & 0 & -\left(1 + \dfrac{2\Phi}{c^2}\right)
\end{pmatrix}.
\tag{10.94}
$$

Daraus ergibt sich die sogenannte Lense-Thirring-Metrik

$$ds^2 = \left(1 + \frac{2\Phi}{c^2}\right)c^2 dt^2$$

$$-\left(1 - \frac{2\Phi}{c^2}\right)(dx^2 + dy^2 + dz^2) + 2c\zeta_i dt dx^i. \qquad \textbf{(10.95)}$$

Mit (10.95) haben wir eine stationäre und isotrope Lösung der Einstein-Gleichungen gefunden. Die Raumzeit heißt für einen rotierenden Stern mit konstanter Winkelgeschwindigkeit stationär, wenn die Bewegung der Teilchen innerhalb der Quelle zu jeder Zeit gleich ist und die Metrik die Eigenschaft $g_{\mu\nu,0} = 0$ hat. Eine statische Raumzeit, wie die SM, hat die zusätzliche Eigenschaft $g_{0i} = 0$.

Aus der Magnetostatik kennen wir bereits den magnetischen Dipol und wissen, dass eine rotierende Ladungsverteilung ein Magnetfeld erzeugt.[157] Die Rotation einer Massenverteilung erzeugt analog dazu ein gravitomagnetisches Feld, welches durch die g_{i0} verursacht wird. Diese in Analogie zur Magnetostatik auftretenden Effekte werden deshalb als gravitomagnetische Effekte bezeichnet. Wir möchten im Rahmen dieser Arbeit insbesondere den Lense-Thirring-Effekt aus der Klasse der gravitomagnetischen Effekte studieren.

---

[157]   Weiterführendes zur Beschreibung des magnetischen Dipol findet sich z.B. in Abschnitt 15 aus (Fließbach, 2012b).

11 Gravitomagnetismus: Lense-Thirring-Effekt

Der Lense-Thirring-Effekt beschreibt die durch das Gravitationsfeld der eigenrotierenden Erde verursachte Präzession eines Gyroskops[158] im Orbit. Dieser Effekt tritt im Gravitationsfeld in Analogie zur sogenannten Larmor-Präzession[159], nach Sir Joseph Larmor[160], in der Magnetostatik auf. Da jedes geladene Teilchen mit einem Drehimpuls einen magnetischen Dipol μ darstellt, wirkt auf geladene Teilchen in einem Magnetfeld B ein Drehmoment M. Betrag und Orientierung des Dipols sind dabei durch den Drehimpulsvektor J festgelegt. Dabei gilt

$$\frac{dJ}{dt} = M = \mu \times B \sim J \times B. \qquad (11.1)$$

Da wir die Auswirkungen der Eigenrotation der Erde untersuchen möchten, betrachten wir anstelle des Drehimpulses den Spin, da mit dem Spin der Eigendrehimpuls von Teilchen beschrieben wird. Unser Ziel ist es daher eine zu (11.1) analoge Beschreibung für das gravitative Spin-Problem zu finden.

Um den zur Magnetostatik analogen Effekt der Spin-Präzession beschreiben zu können, müssen wir uns mit der Eigenrotation der Erde in der Raumzeit und infolgedessen mit dem 4-Spinvektor S_μ befassen.

Der in (10.84) definierte Drehimpuls-Tensor enthält die Komponenten des dreidimensionalen Drehimpulses, die relativ zu einem Drehzentrum definiert sind. Weil Betrag und Richtung des Drehimpulses davon abhängen, welcher Punkt als Bezugspunkt gewählt wird, gilt für $J^{\alpha\beta}$

$$J'^{\alpha\beta} = J^{\alpha\beta} + a^\alpha p^\beta - a^\beta p^\alpha. \qquad (11.2)$$

Dabei ist a^α eine Translation, und p^α ist der 4-Impuls.

---

[158] Mit Präzession wird die Richtungsänderung der Rotationsachse eines Gyroskops bezeichnet. Ein Gyroskop ist ein rotierender, symmetrischer Kreisel. Siehe dazu auch §51–§53 aus (Lüders und Pohl, 2009).

[159] Eine ausführliche Beschreibung des Larmor-Effekts findet sich z.B. in Kapitel 4 aus (Ivanov, 2006).

[160] [1857-1942]

Wir benötigen jedoch einen Tensor, dessen Struktur sich unter LT nicht ändert und definieren deshalb den 4-Spinvektor

$$S_\mu := \frac{1}{2} \epsilon_{\mu\nu\kappa\lambda} J^{\nu\kappa} u^\lambda, \tag{11.3}$$

der den Eigendrehimpuls der rotierenden Quelle beschreibt. Dabei ist $\epsilon_{\mu\nu\kappa\lambda}$ das Levi-Civita-Symbol aus (3.44) und $u^\lambda = \frac{dx^\lambda}{d\tau}$ die 4-Geschwindigkeit des Systems. Im Fall eines freien Teilchens ist S_μ konstant und es gilt

$$\frac{dS_\mu}{d\tau} = 0. \tag{11.4}$$

Wegen der Anti-Symmetrie von $\epsilon_{\mu\nu\kappa\lambda}$ heben sich die zusätzlichen Terme in $J'^{\alpha\beta}$ aus (11.2) gerade auf, sodass sich die Struktur von S_μ im Gegensatz zu $J^{\alpha\beta}$ unter LT nun nicht mehr ändert.[161] Offensichtlich gilt zudem

$$u^\mu S_\mu = \frac{dx^\mu}{d\tau} S_\mu = \frac{1}{2} \epsilon_{\mu\nu\kappa\lambda} J^{\nu\kappa} u^\lambda u^\mu = 0. \tag{11.5}$$

Die letzte Gleichheit in (11.5) folgt aus der Antisymmetrie von $\epsilon_{\mu\nu\kappa\lambda}$ bei gleichzeitiger Symmetrie von $u^\lambda u^\mu$.

Aus (11.5) ergibt sich zudem

$$\frac{dx^\mu}{d\tau} S_\mu = 0$$

$$\Leftrightarrow \quad \frac{dx^0}{d\tau} S_0 + \frac{dx^i}{d\tau} S_i = \frac{d(ct)}{d\tau} S_0 + \frac{dx^i}{d\tau} S_i = 0$$

$$\Leftrightarrow \quad S_0 = -\frac{1}{c} \frac{d\tau}{dt} \frac{dx^i}{d\tau} S_i = -\frac{1}{c} \frac{dx^i}{dt} S_i. \tag{11.6}$$

Mit (11.4) und (11.5) folgt insbesondere für das kovariante Differential aus (6.34)

$$\frac{DS_\mu}{d\tau} = \frac{dS_\mu}{d\tau} - \Gamma^\lambda{}_{\mu\nu} \frac{dx^\nu}{d\tau} S_\lambda = 0. \tag{11.7}$$

Aus (11.7) können wir die Geodätengleichung

$$\frac{dS_\mu}{d\tau} = \Gamma^\lambda{}_{\mu\nu} \frac{dx^\nu}{d\tau} S_\lambda \tag{11.8}$$

aufstellen.

---

[161]   Wir folgen an dieser Stelle der Argumentation von (Weinberg, 1972, S. 47).

Daraus ergibt sich

$$\frac{dS_i}{dt} = \frac{dS_i}{d\tau}\frac{d\tau}{dt}$$

$$\overset{(11.8)}{=} \left(\Gamma^0{}_{iv}S_0 + \Gamma^k{}_{iv}S_k\right)\frac{dx^\nu}{dt}$$

$$\overset{(11.6)}{=} \left(-\frac{1}{c}\Gamma^0{}_{iv}\frac{dx^k}{dt}S_k + \Gamma^k{}_{iv}S_k\right)\frac{dx^\nu}{dt}$$

$$= \left(-\frac{1}{c}\Gamma^0{}_{iv}\frac{dx^k}{dt}\frac{dx^\nu}{dt} + \Gamma^k{}_{iv}\frac{dx^\nu}{dt}\right)S_k$$

$$= -\frac{1}{c}\left(\Gamma^0{}_{i0}\frac{dx^k}{dt}\frac{dx^0}{dt} + \Gamma^0{}_{im}\frac{dx^k}{dt}\frac{dx^m}{dt}\right)S_k$$

$$+ \left(\Gamma^k{}_{i0}\frac{dx^0}{dt} + \Gamma^k{}_{im}\frac{dx^m}{dt}\right)S_k$$

$$= \left(-\Gamma^0{}_{i0}\frac{dx^k}{dt} - \frac{1}{c}\Gamma^0{}_{im}\frac{dx^m}{dt}\frac{dx^k}{dt} + c\Gamma^k{}_{i0}\right)S_k$$

$$+ \left(\Gamma^k{}_{im}\frac{dx^m}{dt}\right)S_k$$

$$= \left(-\Gamma^0{}_{i0}v^k - \frac{1}{c}\Gamma^0{}_{im}v^m v^k + c\Gamma^k{}_{i0} + \Gamma^k{}_{im}v^m\right)S_k. \qquad \textbf{(11.9)}$$

Mithilfe von (10.93) und (10.94) können nun die Christoffel-Symbole in (11.9) nach (5.26) berechnet werden. Wir ignorieren dabei Terme in $\Phi\nabla_i\Phi, \zeta_j\nabla_i\Phi, \Phi\zeta_{j,k}$ und $\zeta_i\zeta_{j,k}$.

Damit ergeben sich

$$
\begin{aligned}
\Gamma^0{}_{i0} &= \frac{g^{0\nu}}{2}\left(g_{i\nu,0} + g_{0\nu,i} - g_{i0,\nu}\right) \\[2mm]
&= \frac{1}{2}\left(g^{0\nu}g_{0\nu,i} - g^{0j}g_{0i,j}\right) \\[2mm]
&= \frac{1}{2}\left(g^{00}g_{00,i} + g^{0j}g_{0j,i} - g^{0j}g_{0i,j}\right) \\[2mm]
&\approx \frac{1}{2}g^{00}g_{00,i} \\[4mm]
&\approx \frac{1}{c^2}\nabla_i\Phi,
\end{aligned}
\tag{11.10}
$$

$$\Gamma^k_{\ i0} = \frac{g^{kv}}{2}\left(g_{iv,0} + g_{0v,i} - g_{i0,v}\right)$$

$$= \frac{1}{2}\left(g^{kv}g_{0v,i} - g^{kj}g_{0i,j}\right)$$

$$= \frac{1}{2}\left(g^{k0}g_{00,i} + g^{kj}g_{0j,i} - g^{kj}g_{0i,j}\right)$$

$$= \frac{1}{2}\left(g^{k0}g_{00,i} + \delta^{k1}g^{1j}g_{0j,i} + \delta^{k2}g^{2j}g_{0j,i}\right)$$

$$+\frac{1}{2}\left(\delta^{k3}g^{3j}g_{0j,i}\right)$$

$$-\frac{1}{2}\left(\delta^{k1}g^{1j}g_{0i,j} + \delta^{k2}g^{2j}g_{0i,j} + \delta^{k3}g^{3j}g_{0i,j}\right)$$

$$= \frac{1}{2}\left(g^{k0}g_{00,i} + \delta^{k1}g^{11}g_{01,i} + \delta^{k2}g^{22}g_{02,i}\right)$$

$$+\frac{1}{2}\left(\delta^{k3}g^{33}g_{03,i}\right)$$

$$-\frac{1}{2}\left(\delta^{k1}g^{11}g_{0i,1} + \delta^{k2}g^{22}g_{0i,2} + \delta^{k3}g^{33}g_{0i,3}\right)$$

$$\approx \frac{1}{2}\left(\zeta_{k,i} - \zeta_{i,k}\right), \tag{11.11}$$

$$\Gamma^k{}_{im} = \frac{g^{kv}}{2}\left(g_{iv,m} + g_{mv,i} - g_{im,v}\right)$$

$$= \frac{1}{2}\left(g^{kv}g_{iv,m} + g^{kv}g_{mv,i} - g^{kj}g_{im,j}\right)$$

$$= \frac{1}{2}\left(g^{k0}g_{i0,m} + g^{kj}g_{ij,m} + g^{k0}g_{m0,i} + g^{kj}g_{mj,i}\right)$$

$$-\frac{1}{2}\left(g^{kj}g_{im,j}\right)$$

$$\approx \frac{1}{2}\left(g^{kj}g_{ij,m} + g^{kj}g_{mj,i} - g^{kj}g_{im,j}\right)$$

$$= \frac{1}{2}\left(\delta_{1m}g^{kj}g_{ij,1} + \delta_{2m}g^{kj}g_{ij,2} + \delta_{3m}g^{kj}g_{ij,3}\right)$$

$$+\frac{1}{2}\left(\delta_{1i}g^{kj}g_{mj,1} + \delta_{2i}g^{kj}g_{mj,2} + \delta_{3i}g^{kj}g_{mj,3}\right)$$

$$-\frac{1}{2}\left(\delta^{1k}g^{11}g_{im,1} + \delta^{2k}g^{22}g_{im,2} + \delta^{3k}g^{33}g_{im,3}\right)$$

$$\approx \frac{1}{c^2}\left(\delta_{im}\nabla_k\Phi - \delta_i^k\nabla_m\Phi - \delta_m^k\nabla_i\Phi\right), \tag{11.12}$$

und

$$\Gamma^0_{\ im} = \frac{g^{0\nu}}{2}\left(g_{i\nu,m} + g_{m\nu,i} - g_{im,\nu}\right)$$

$$= \frac{1}{2}\left(g^{0\nu}g_{i\nu,m} + g^{0\nu}g_{m\nu,i} - g^{0j}g_{im,j}\right)$$

$$= \frac{1}{2}\left(g^{00}g_{i0,m} + g^{00}g_{m0,i} - g^{0j}g_{im,j}\right)$$

$$\approx \frac{1}{2}\left(g^{00}g_{i0,m} + g^{00}g_{m0,i}\right)$$

$$\approx -\frac{1}{2}\left(\zeta_{i,m} + \zeta_{m,i}\right). \tag{11.13}$$

Zusammengefasst lauten die Resultate

$$\Gamma^0_{\ i0} = \frac{1}{c^2}\nabla_i\Phi,$$

$$\Gamma^k_{\ i0} = \frac{1}{2}\left(\zeta_{k,i} - \zeta_{i,k}\right),$$

$$\Gamma^k_{\ im} = \frac{1}{c^2}\left(\delta_{im}\nabla_k\Phi - \delta^k_i\nabla_m\Phi - \delta^k_m\nabla_i\Phi\right),$$

$$\Gamma^0_{\ im} = -\frac{1}{2}\left(\zeta_{i,m} + \zeta_{m,i}\right). \tag{11.14}$$

Wir können nun (11.14) in (11.9) einsetzen und ignorieren Terme in v^2. Es ergibt sich

$$\frac{dS_i}{dt} = \left[-\frac{1}{c^2}(\nabla_i \Phi)v^k + \frac{c}{2}(\zeta_{k,i} - \zeta_{i,k}) \right] S_k$$

$$+ \left[\frac{1}{2c}(\zeta_{i,m} + \zeta_{m,i})v^m v^k \right] S_k$$

$$+ \left[\frac{1}{c^2}[\delta_{im}(\nabla_k \Phi) - \delta_i^k(\nabla_m \Phi) - \delta_m^k(\nabla_i \Phi)]v^m \right] S_k$$

$$\approx -\frac{1}{c^2}(\nabla_i \Phi)v^k S_k + \frac{c}{2}(\zeta_{k,i} - \zeta_{i,k})S_k$$

$$+ \frac{1}{c^2}[(\nabla_k \Phi)v^i S_k - (\nabla_m \Phi)v^m S_i - (\nabla_i \Phi)v^m S_m]$$

$$= -\frac{2}{c^2}(\nabla_i \Phi)v^k S_k + \frac{c}{2}(\zeta_{k,i} - \zeta_{i,k})S_k + \frac{1}{c^2}(\nabla_k \Phi)v^i S_k$$

$$- \frac{1}{c^2}(\nabla_m \Phi)v^m S_i$$

$$\Leftrightarrow \frac{d\boldsymbol{S}}{dt} = -\frac{2}{c^2}(\boldsymbol{v} \cdot \boldsymbol{S})\nabla\Phi + \frac{1}{c^2}(\nabla\Phi \cdot \boldsymbol{S})\boldsymbol{v} - \frac{1}{c^2}(\boldsymbol{v} \cdot \nabla\Phi)\boldsymbol{S}$$

$$+ \frac{c}{2}[\boldsymbol{S} \times (\nabla \times \boldsymbol{\zeta})]. \tag{11.15}$$

Mit (11.15) werden wir die Spin-Präzession beschreiben können. Wir stellen fest, dass alle Terme bis auf den letzten Term von der Geschwindigkeit des Gyroskops $\boldsymbol{v}$ im Orbit abhängen. Der letzte Term dagegen hängt von $\nabla \times \boldsymbol{\zeta}$ und damit vom Drehimpuls $\boldsymbol{J}$ der rotierenden Quelle ab und verursacht somit den Lense-Thirring-Effekt, der aus der Eigenrotation der Quelle entsteht. Um zur gravitativen Analogie von (11.1) zu gelangen, müssen wir jedoch zunächst (11.15) lösen.

Nach (11.4) gilt auch insbesondere wegen der Zeitunabhängigkeit der $g^{\mu\nu}$

$$\frac{d}{dt}\left(g^{\mu\nu}S_\mu S_\nu\right) = g^{\mu\nu}\left(\frac{dS_\mu}{dt}S_\nu + \frac{dS_\nu}{dt}S_\mu\right)$$

$$\overset{(11.4)}{=} 0$$

$$\Leftrightarrow \qquad g^{\mu\nu}S_\mu S_\nu = \text{const.} \qquad\qquad (11.16)$$

Durch ausschließliche Betrachtung der Diagonaleinträge von $g^{\mu\nu}$ und Ignorieren der Terme in $\Phi(\boldsymbol{v}\cdot\boldsymbol{S})^2$ erhalten wir aus (11.16)

$$\text{const.} = g^{00}(S_0)^2 + g^{ik}S_i S_k$$

$$\overset{(11.6)}{=} \frac{1}{c^2}\left(1 - \frac{2\Phi}{c^2}\right)(v^i S_i)^2 - \left(1 + \frac{2\Phi}{c^2}\right)(S_i)^2$$

$$+ g^{ik}S_i S_k, \qquad i \neq k$$

$$\approx \frac{1}{c^2}(v^i S_i)^2 - (S_i)^2 - \frac{2\Phi}{c^2}(S_i)^2$$

$$\Leftrightarrow \qquad S^2 + \frac{2\Phi}{c^2}S^2 - \frac{1}{c^2}(\boldsymbol{v}\cdot\boldsymbol{S})^2 = \text{const.} \qquad (11.17)$$

Aus (11.17) können wir noch keine Aussage über etwaige analoge Strukturen in Bezug auf (11.1) treffen. Wir führen deshalb einen neuen Spinvektor $\boldsymbol{\Sigma}$ durch die Gleichung

$$\boldsymbol{S} = \left(1 - \frac{\Phi}{c^2}\right)\boldsymbol{\Sigma} + \frac{1}{2c^2}\boldsymbol{v}(\boldsymbol{v}\cdot\boldsymbol{\Sigma}) \qquad (11.18)$$

ein.[162]

---

[162]   Siehe dazu auch (Weinberg, 1972, S. 234).

Mit (11.18) betrachten wir nun S^2 und $v \cdot S$. Dabei sind nur Terme in $v^2 S^2$ und ϕS^2 relevant, sodass sich

$$
\begin{aligned}
S^2 &= \left[\left(1 - \frac{\phi}{c^2}\right)\Sigma + \frac{1}{2c^2}v(v \cdot \Sigma)\right]^2 \\
&= \left(1 - \frac{2\phi}{c^2} + \frac{\phi^2}{c^4}\right)\Sigma^2 + \frac{1}{4c^4}v^2(v \cdot \Sigma)^2 + \frac{1}{c^2}(v \cdot \Sigma)^2 \\
&\quad - \frac{\phi}{c^4}(v \cdot \Sigma)^2 \\
&\approx \left(1 - \frac{2\phi}{c^2}\right)\Sigma^2 + \frac{1}{c^2}(v \cdot \Sigma)^2, \qquad 2\phi S^2 = 2\phi\Sigma^2 \qquad \textbf{(11.19)}
\end{aligned}
$$

und

$$
\begin{aligned}
v \cdot S &= \left(1 - \frac{\phi}{c^2}\right)v \cdot \Sigma + \frac{1}{2c^2}v^2(v \cdot \Sigma) \\
&= (v \cdot \Sigma)\left(1 - \frac{\phi}{c^2} + \frac{1}{2c^2}v^2\right), \qquad (v \cdot S)^2 = (v \cdot \Sigma)^2 \qquad \textbf{(11.20)}
\end{aligned}
$$

ergeben.

Einsetzen von (11.19) und (11.20) in (11.17) liefert

$$
\begin{aligned}
\text{const.} &= S^2 + \frac{2\phi}{c^2}S^2 - \frac{1}{c^2}(v \cdot S)^2 \\
&= \left(1 - \frac{2\phi}{c^2}\right)\Sigma^2 + \frac{1}{c^2}(v \cdot \Sigma)^2 + \frac{2\phi}{c^2}\Sigma^2 - \frac{1}{c^2}(v \cdot \Sigma)^2 \\
&= \Sigma^2. \qquad\qquad\qquad\qquad\qquad\qquad\qquad\qquad\qquad\qquad \textbf{(11.21)}
\end{aligned}
$$

Damit haben wir mit Σ einen Vektor gefunden, dessen Betrag konstant ist. Im Falle einer Präzession von Σ ändert sich deshalb die Orientierung von Σ, nicht aber sein Betrag. Wir wollen Σ nun über Invertieren von (11.18) ausdrücken und betrachten wieder nur die für uns relevanten Terme.

Es ergibt sich

$$S = \left(1 - \frac{\Phi}{c^2}\right)\Sigma + \frac{1}{2c^2}v(v \cdot S)$$

$$\Leftrightarrow \quad \frac{S}{\left(1 - \frac{\Phi}{c^2}\right)} - \frac{1}{2c^2}\frac{v(v \cdot S)}{\left(1 - \frac{\Phi}{c^2}\right)} = \Sigma$$

$$\overset{\text{Taylor}}{\Leftrightarrow} \quad S\left(1 + \frac{\Phi}{c^2}\right) - \frac{1}{2c^2}v(v \cdot S)\left(1 + \frac{\Phi}{c^2}\right) \approx \Sigma$$

$$\Leftrightarrow \quad \Sigma \approx S\left(1 + \frac{\Phi}{c^2}\right) - \frac{1}{2c^2}v(v \cdot S). \tag{11.22}$$

Zur Bestimmung der Präzessionsformel müssen wir nun mithilfe von (11.22) $\frac{d}{dt}\Sigma$ bestimmen.

Bei Vernachlässigung von Termen in $\frac{v^2}{c^2} \cdot \frac{dS}{dt}$ und $\frac{dS}{dt}\Phi$ erhalten wir

$$\begin{aligned}
\frac{d\Sigma}{dt} &= \frac{dS}{dt} + \frac{1}{c^2}\frac{d\Phi}{dt}S + \frac{1}{c^2}\frac{dS}{dt}\Phi - \frac{1}{2c^2}\frac{dv}{dt}(v \cdot S) \\
&\quad - \frac{1}{2c^2}v\left(\frac{dv}{dt} \cdot S\right) - \frac{1}{2c^2}v\left(v \cdot \frac{dS}{dt}\right) \\
&\approx \frac{dS}{dt} + \frac{1}{c^2}\frac{d\Phi}{dt}S - \frac{1}{2c^2}\frac{dv}{dt}(v \cdot S) - \frac{1}{2c^2}v\left(\frac{dv}{dt} \cdot S\right). \tag{11.23}
\end{aligned}$$

Wir betrachten

$$d\Phi = \frac{\partial\Phi}{\partial t}dt + \frac{\partial\Phi}{\partial x} \cdot dx \Leftrightarrow \frac{d\Phi}{dt} = \frac{\partial\Phi}{\partial t} + \nabla\Phi \cdot v = \nabla\Phi \cdot v \tag{11.24}$$

und legen

$$\frac{dv}{dt} \approx -\nabla\Phi \tag{11.25}$$

fest. Durch Einsetzen von (11.24) und (11.25) in (11.23) resultiert

$$\frac{d\Sigma}{dt} = \frac{dS}{dt} + \frac{1}{c^2}(\nabla\Phi \cdot v)S + \frac{1}{2c^2}(v \cdot S)\nabla\Phi + \frac{1}{2c^2}(\nabla\Phi \cdot S)v. \tag{11.26}$$

In (11.26) können wir nun (11.15) substituieren, sodass sich

$$\frac{d\mathbf{\Sigma}}{dt} = -\frac{2}{c^2}(\mathbf{v}\cdot\mathbf{S})\nabla\Phi + \frac{1}{c^2}(\nabla\Phi\cdot\mathbf{S})\mathbf{v} - \frac{1}{c^2}(\mathbf{v}\cdot\nabla\Phi)\mathbf{S}$$

$$+ \frac{c}{2}[\mathbf{S}\times(\nabla\times\boldsymbol{\zeta})]$$

$$+ \frac{1}{c^2}(\nabla\Phi\cdot\mathbf{v})\mathbf{S} + \frac{1}{2c^2}(\mathbf{v}\cdot\mathbf{S})\nabla\Phi + \frac{1}{2c^2}(\nabla\Phi\cdot\mathbf{S})\mathbf{v}$$

$$= \frac{c}{2}\mathbf{S}\times(\nabla\times\boldsymbol{\zeta}) - \frac{3}{2c^2}[\nabla\Phi(\mathbf{v}\cdot\mathbf{S}) - \mathbf{v}(\nabla\Phi\cdot\mathbf{S})]$$

$$= \frac{c}{2}\mathbf{S}\times(\nabla\times\boldsymbol{\zeta}) - \frac{3}{2c^2}[\mathbf{S}\times(\nabla\Phi\times\mathbf{v})]$$

$$= \mathbf{S}\times\left[\frac{c}{2}(\nabla\times\boldsymbol{\zeta}) + \frac{3}{2c^2}(\mathbf{v}\times\nabla\Phi)\right] \tag{11.27}$$

ergibt. In unserer Näherung kann $\mathbf{S}$ auf der rechten Seite von (11.27) durch $\mathbf{\Sigma}$ ersetzt werden, sodass wir (11.27) als

$$\frac{d\mathbf{\Sigma}}{dt} = \mathbf{\Sigma}\times\left[\frac{c}{2}(\nabla\times\boldsymbol{\zeta}) + \frac{3}{2c^2}(\mathbf{v}\times\nabla\Phi)\right] = -\mathbf{\Sigma}\times\mathbf{\Omega} = \mathbf{\Omega}\times\mathbf{\Sigma} \tag{11.28}$$

schreiben können. Im letzten Schritt haben wir

$$\mathbf{\Omega} := -\frac{c}{2}(\nabla\times\boldsymbol{\zeta}) - \frac{3}{2c^2}(\mathbf{v}\times\nabla\Phi) \tag{11.29}$$

definiert. Damit präzediert der Spin $\mathbf{\Sigma}$ mit der Rate $|\mathbf{\Omega}|$ um $\mathbf{\Omega}$, ohne dass sich der Betrag von $\mathbf{\Sigma}$ ändert. Mit (11.28) haben wir die gravitative Verallgemeinerung von (11.1) und daher die Lösung des Spin-Problems gefunden.

Wir wollen nun den Fall eines Gyroskops mit Position r und Geschwindigkeit v im Orbit der Erde mit Drehimpuls J betrachten. Dazu setzen wir (10.91) und (2.12) in (11.29) ein und erhalten

$$\Omega = -\frac{c}{2}(\nabla \times \zeta) - \frac{3}{2c^2}(v \times \nabla \Phi)$$

$$\Leftrightarrow \quad \Omega = -\frac{c}{2}\nabla \times \left(\frac{2G}{r^3 c^3}r \times J\right) + \frac{3GM}{2c^2}v \times \nabla \left(\frac{1}{r}\right)$$

$$\Leftrightarrow \quad \Omega = \frac{G}{c^2 r^3}\left[\frac{3(J \cdot r)r}{r^2} - J\right] + \frac{3GM}{2c^2 r^3}r \times v. \tag{11.30}$$

Im letzten Schritt haben wir dabei (2.3) und die Graßmann-Identität[163]

$$\nabla\times\left(\frac{r}{r^3}\times J\right) = (J\cdot\nabla)\frac{r}{r^3} + \frac{r}{r^3}(\nabla\cdot J)$$

$$-J\left(\nabla\cdot\frac{r}{r^3}\right) - \left(\frac{r}{r^3}\cdot\nabla\right)J$$

$$= \left[J_i\partial_i\left(\frac{x_k}{r^3}\right) + \frac{x_k}{r^3}\underbrace{\partial_i J_i}_{=0} - J_k\partial_i\left(\frac{x_i}{r^3}\right)\right]\hat{e}_k$$

$$-\left[\left(\frac{x_i}{r^3}\right)\underbrace{\partial_i J_k}_{=0}\right]\hat{e}_k$$

$$= \left[J_i\left(\frac{\delta_{ik}}{r^3} - \frac{3x_k x_i}{r^5}\right) - J_k\left(\frac{3}{r^3} - \frac{3x_i x_i}{r^5}\right)\right]\hat{e}_k$$

$$= \left[\frac{1}{r^3}\left(J_k - \frac{3x_k J_i x_i}{r^2} - 3J_k + \frac{3r^2 J_k}{r^2}\right)\right]\hat{e}_k$$

$$= \left[\frac{1}{r^3}\left(J_k - \frac{3x_k J_i x_i}{r^2}\right)\right]\hat{e}_k$$

$$= \frac{1}{r^3}\left[J - \frac{3(J\cdot r)r}{r^2}\right], \qquad\qquad (11.31)$$

nach Hermann Graßmann[164], verwendet.

Wir stellen fest, dass nur der erste Term von (11.30) vom Drehimpuls J abhängt und damit den Lense-Thirring-Effekt verursacht. Der zweite Term hängt dagegen von der Masse M ab und ist die Ursache für den sogenannten de Sitter-Fokker-Effekt[165], nach Willem de Sitter[166] und Adriaan Daniël Fokker[167], der auch als de Sitter-Präzession oder geodätische Präzession bezeichnet wird. Der Unterschied zwischen den beiden Präzessionseffekten besteht darin, dass die de Sitter-Präzession bereits bei Vorhandensein einer gravitierenden Quelle entsteht, die Lense-Thirring-

---

[163]   Die Graßmann-Identität mit Beweis findet sich z.B. in Satz 2.131, Abschnitt 2.7 aus (Knaber und Barth, 2013).
[164]   [1809-1877]
[165]   Weiterführendes zur de Sitter-Präzession findet sich in Abschnitt 11.13 aus (Rindler, 2006).
[166]   [1872-1934]
[167]   [1887-1972]

Präzession jedoch erst durch die Eigenrotation ebendieser Quelle hervorgerufen wird. Die de Sitter-Präzession zählt damit im Gegensatz zur Lense-Thirring-Präzession nicht zu den gravitomagnetischen Effekten. Um die gesamte gravitative Präzession zu bestimmen, muss folglich die Summe der beiden auftretenden Effekte betrachtet werden. Wir schreiben daher (11.30) mit $J = I\omega$, wobei I das Trägheitsmoment ist, als

$$\Omega = \Omega_{\text{LT}} + \Omega_{\text{de Sitter}},\qquad(11.32)$$

$$\Omega_{\text{LT}} = \frac{GI}{c^2 r^3}\left[\frac{3(\omega \cdot r)r}{r^2} - \omega\right],\qquad(11.33)$$

$$\Omega_{\text{de Sitter}} = \frac{3GM}{2c^2 r^3}r{\times}v = \frac{3GM}{2c^2 r}\omega.\qquad(11.34)$$

Berücksichtigen wir nun noch zusätzlich die aus der SRT bekannte Thomas-Präzession[168]

$$\Omega_{\text{Thomas}} = -\frac{1}{2c^2}v{\times}a = -\frac{1}{2mc^2}v{\times}F,\qquad(11.35)$$

nach Llewellyn Hilleth Thomas[169], erhalten wir die totale Präzessionsrate eines Objekts im Orbit als Summe der gravitativen (11.32) und nicht-gravitativen Effekte (11.35) nach

$$\Omega \quad = \quad \Omega_{\text{Thomas}} + \Omega_{\text{de Sitter}} + \Omega_{\text{Lense-Thirring}}$$

$$= \quad \frac{1}{2mc^2}F{\times}v + \frac{3GM}{2c^2 r}\omega + \frac{GI}{c^2 r^3}\left[\frac{3(\omega \cdot r)r}{r^2} - \omega\right].\qquad(11.36)$$

Dabei ist F eine nicht-gravitative Kraft, M die Masse der Erde, I das Trägheitsmoment der Erde und m die Masse des Gyroskops. In der ART erfährt ein Objekt auf einer Geodäte keine absolute Beschleunigung, weshalb $F = 0$ gilt und in diesem Fall keine Thomas-Präzession auftreten kann.

Wir möchten nun einige konkrete Werte für die de Sitter-Präzession und die Lense-Thirring-Präzession berechnen. Dabei berücksichtigen wir, dass die

---

[168]   Der von Thomas beschriebene relativistische Präzessions-Effekt von Elektronen findet sich in (Thomas, 1926).

[169]   [1903-1992]

Kreisfrequenz ω in Einheiten der Periode T für eine Umdrehung eines Gyroskops um eine gravitierende Masse durch

$$|\omega| = \omega = \frac{2\pi}{T} = \frac{2\pi}{1} = 2\pi \qquad (11.37)$$

gegeben ist. Damit ergibt sich für die de Sitter-Präzession

$$\delta\phi_{\text{de Sitter}} = \frac{3\pi GM}{rc^2} \qquad (11.38)$$

in Radianten pro Umdrehung. Für die die Sonne umkreisende Erde liefert (11.38) mit $r = R_{ES}$ als Erde-Sonne-Abstand und der Sonnenmasse $M = M_S$ einen Wert[170] von

$$\delta\phi_{\text{de Sitter}} = 0.019 \, \frac{\text{arcsec}}{\text{a}}. \qquad (11.39)$$

Wir wollen nun auch einen die Erde umkreisenden Satelliten betrachten. Ein typischer Satellit hat eine Periode von $T = 2\pi\sqrt{\frac{R^3}{MG}} = 84.5$ Minuten und umkreist die Erde damit ca. 6200 mal pro Jahr.

Daraus resultiert

$$|\omega| = \omega = \frac{2\pi}{2\pi\sqrt{\frac{R^3}{MG}}} = (MG)^{\frac{1}{2}}R^{-\frac{3}{2}}. \qquad (11.40)$$

Mit (11.40) erhalten wir die de Sitter-Präzession

$$\delta\phi_{\text{de Sitter}} = \frac{3(MG)^{\frac{3}{2}}}{2c^2}R^{-\frac{5}{2}}\frac{\text{rad}}{\text{s}}. \qquad (11.41)$$

Durch Einsetzen der Erdmasse M_E, G und des Erdradius R_E wird dies zu[171]

$$\delta\phi_{\text{de Sitter}} = 8.4 \, \frac{\text{arcsec}}{\text{a}}. \qquad (11.42)$$

Für einen Satelliten in einer Entfernung $r = R_E + h$ resultiert aus (11.41) und (11.42)

$$\delta\phi_{\text{de Sitter}} = 8.4 \left(\frac{R_E}{r}\right)^{\frac{5}{2}} \frac{\text{arcsec}}{\text{a}}. \qquad (11.43)$$

---

[170]   Die Einheit $\frac{\text{arcsec}}{\text{a}}$ ist dabei als $\frac{\text{arcseconds}}{\text{year}} \stackrel{\wedge}{=} \frac{\text{Bogensekunden}}{\text{Jahr}}$ zu verstehen.

[171]   Die Erddaten finden sich in (Williams, 2016a).

Für einen Satelliten in einer Höhe $h = 642$ km, ergibt sich somit

$$\delta\phi_{\text{de Sitter}} = 6.6 \, \frac{\text{arcsec}}{\text{a}}. \tag{11.44}$$

Um sowohl die de Sitter-Präzession als auch die Lense-Thirring-Präzession gleichzeitig separat messen zu können, müssen beide Präzessionen im rechten Winkel zueinander stehen.[172]

Wir folgern deshalb, dass zur Messung der beiden Präzessionen in der ART der Satellit eine polare Umlaufbahn beschreiben und seine Drehrichtung senkrecht dazu sein muss (siehe Abbildung 11.1).

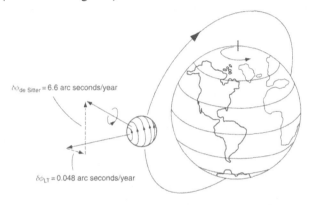

Abbildung 11.1: Notwendige Konstellation von Gyroskop und gravitierender Quelle zur Maximierung der Lense-Thirring-Präzession und theoretisch zu erwartenden Werten. Entnommen aus (Ryder, 2009, S. 197).

Wir möchten nun die Lense-Thirring-Präzession berechnen. Da wir im Allgemeinen nicht die in Abbildung 11.1 geschilderten Situation annehmen können, gehen wir bei der Berechnung von (11.33) von dem zeitlichen Mittelwert einer Umdrehung nach

$$\langle \Omega_{LT} \rangle = \frac{GI}{c^2 r^3} \left(\frac{3(\boldsymbol{\omega} \cdot \boldsymbol{r})\boldsymbol{r}}{r^2} - \boldsymbol{\omega} \right) \tag{11.45}$$

aus. Dazu betrachten in der XZ-Ebene eine Drehung um die y-Achse mit $\boldsymbol{\omega} = (0, \omega)$ und $\boldsymbol{r} = r(\cos \omega t, \sin \omega t)$, sodass $\boldsymbol{\omega} \cdot \boldsymbol{r} = \omega r \sin \omega t$ gilt.

---

[172]   Zur Erklärung siehe (Ryder, 2009, S. 197).

Wir berechnen das zeitliche Mittel über eine Periode mit $T = \frac{2\pi}{\omega}$ mithilfe von

$$\langle x \rangle = \frac{1}{T} \int_0^T x\, dt = \frac{1}{T} \left(\int_0^T x_1\, dt, \int_0^T x_2\, dt \right) \tag{11.46}$$

und erhalten damit

$$r(\boldsymbol{\omega} \cdot \boldsymbol{r}) = \omega r^2 (\cos \omega t \sin \omega t, \sin^2 \omega t) \tag{11.47}$$

$$\langle r(\boldsymbol{\omega} \cdot \boldsymbol{r}) \rangle = \omega r^2 \frac{1}{T} \left[\int_0^T \cos(\omega t) \sin(\omega t)\, dt, \int_0^T \sin^2(\omega t)\, dt \right]$$

$$= \left(0, \frac{1}{2} \omega r^2 \right) \tag{11.48}$$

$$\left\langle \frac{3(\boldsymbol{\omega} \cdot \boldsymbol{r}) \boldsymbol{r}}{r^2} - \boldsymbol{\omega} \right\rangle = \left(0, \frac{\omega}{2} \right). \tag{11.49}$$

Es resultiert mit (11.49) für (11.45) mit dem Trägheitsmoment der Erde[173] die Präzession

$$\langle \Omega_{LT} \rangle = \frac{1}{5} \frac{G M R^2 \omega}{c^2 r^3}. \tag{11.50}$$

Für eine Umlaufbahn auf Höhe der Erdoberfläche mit $r = R_E$ erhalten wir aus (11.50)

$$\langle \Omega_{LT} \rangle = \frac{M G \omega}{5 c^2 R_E} = 0.065 \; \frac{\text{arcsec}}{\text{a}}. \tag{11.51}$$

Im Fall $r > R_E$ gilt

$$\langle \Omega_{LT} \rangle = 0.065 \left(\frac{R_E}{r} \right)^3 \frac{\text{arcsec}}{\text{a}}. \tag{11.52}$$

Für einen Satelliten in einer Höhe von 642km ergeben sich somit

$$\langle \Omega_{LT} \rangle = 0.049 \; \frac{\text{arcsec}}{\text{a}}. \tag{11.53}$$

---

[173]   Wir nehmen die Erde als Vollkugel mit dem Trägheitsmoment $I_K = \frac{2}{5} M R^2$ an.

Eine Berechnung in Fall von Abbildung 11.1 liefert

$$\delta\phi_{LT} = 0.039 \, \frac{arcsec}{a}. \tag{11.54}$$

Die Präzessionen aus (11.44) und (11.54) sind zwar relativ klein, konnten aber dennoch mithilfe der LAGEOS[174] und GRACE[175] Missionen der NASA 2004 erstmals nachgewiesen werden.[176] Die zurzeit genaueste Messung lieferte 2011 die Auswertung der Daten der Gravity Probe B Mission mit $\delta\phi_{de\,Sitter} = (6602 \pm 18)\,\frac{mas}{a}$ und $\delta\phi_{LT} = (37.2 \pm 7.2)\,\frac{mas}{a}$ im Vergleich zur theoretischen Vorhersage von $\delta\phi_{de\,Sitter} = 6606\,\frac{mas}{a}$ und $\delta\phi_{LT} = 39.2\,\frac{mas}{a}$.[177] Damit konnten sowohl die de Sitter-Präzession als auch der Lense-Thirring-Effekt experimentell bestätigt werden. Die ART bleibt somit weiterhin gültig.

Wir wollen uns nun wieder den Analogien zwischen der Gravitationstheorie und dem Elektromagnetismus zuwenden, um zum Abschluss dieser Arbeit ein Fazit ziehen zu können.

---

[174] LAGEOS steht für Laser Geodynamics Satellite.
[175] GRACE steht für Gravity Recovery And Climate Experiment.
[176] Die Publikation zur experimentellen Bestätigung des Lense-Thirring-Effekts findet sich in (Ciufolini und Pavlis, 2004).
[177] Die Pressekonferenz kann unter (Everitt F. C., 2011) eingesehen werden. Die Resultate finden sich in (Everitt et al., 2011). Eine Einschätzung von Will findet sich in (Will, 2011). Die Einheit $\frac{mas}{a}$ entspricht dabei $\frac{milli\ arcseconds}{year}$.

12 Analogien II

In Kapitel 11 haben wir festgestellt, dass sich der Lense-Thirring-Effekt von denen in Kapitel 9 vorgestellten, klassischen Tests der ART aufgrund der neu aufgetretenen g_{0i}-Komponenten des metrischen Tensors und der damit hervorgerufenen Spin-Präzession unterscheidet. Auf Grundlage dieses uns aus der Magnetostatik bekannten Phänomens wollen wir nun weitere Analogien zwischen der Gravitationstheorie und der Elektrodynamik eruieren.

Zunächst wollen wir die Elektrostatik auf Analogien zur Gravitation untersuchen. Uns ist bekannt, dass eine Ladung Q ein elektrostatisches Potential

$$\Phi_e = \frac{Q}{4\pi r} \tag{12.1}$$

im Abstand r erzeugt. Das dazugehörige elektrische Feld lautet

$$E = -\nabla \Phi_e = \frac{Q}{4\pi r^2}\hat{r}. \tag{12.2}$$

Auf eine sich in E befindliche Ladung q am Ort x wirkt dann die Kraft

$$F = qE = \frac{Qq}{4\pi r^2}\hat{r}. \tag{12.3}$$

Da elektrische Ladungen positiv oder negativ geladen sein können, gilt stets: Ungleichnamige elektrische Ladungen ziehen sich an und gleichnamige elektrische Ladungen stoßen sich ab. In der Gravitostatik gelten die im Folgenden dargestellten Zusammenhänge.

Eine Masse M erzeugt im Abstand r das Gravitationspotential

$$\Phi_g = -\frac{MG}{r} \tag{12.4}$$

mit dem dazugehörigen Gravitationsfeld

$$g = -\nabla \Phi_g = -\frac{MG}{r^2}\hat{r}. \tag{12.5}$$

Auf eine sich in g befindliche Masse m wirkt dann die Kraft

$$F = mg = -\frac{MmG}{r^2}\hat{r}. \tag{12.6}$$

Im Gegensatz zur elektrischen Ladung sind Massen immer positiv „geladen", weil es keine negativen Massen gibt. Die elektrische Kraft wirkt zwischen positiven Ladungen abstoßend. Gravitationskräfte wirken dagegen stets anziehend und sind daher die Ursache der Instabilität[178] der Gravitation. Wir möchten nun den dynamischen Fall untersuchen.

Auf eine sich im elektromagnetischen Feld mit Geschwindigkeit v bewegende elektrische Ladung wirkt die Lorentz-Kraft

$$F = F_E + F_B = qE + qv \times B. \tag{12.7}$$

Das elektrische Feld E und das magnetische Feld B werden nach (3.34) mithilfe des 4-Vektors $A^\mu = (\Phi_e, A)$ ausgedrückt, weshalb wir diese als

$$B = \nabla \times A, \qquad E = -\frac{1}{c} \frac{\partial A}{\partial t} - \nabla \Phi_e \tag{12.8}$$

schreiben.

Zudem gilt mit der Ladungsdichte ρ und der Stromdichte $j = \rho u$ für die Potentiale[179]

$$\Phi_e = \int \frac{\rho}{r} dV \tag{12.9}$$

und

$$A = \int \frac{j}{r} dV. \tag{12.10}$$

Mit (12.8) können wir (12.7) als

$$F = q \left(-\frac{1}{c} \frac{\partial A}{\partial t} - \nabla \Phi_e \right) + qv \times (\nabla \times A) \tag{12.11}$$

schreiben. Die daraus resultierende Beschleunigung lautet

$$a = \frac{F}{m} = \frac{q}{m} \left[-\frac{1}{c} \frac{\partial A}{\partial t} - \nabla \Phi_e + v \times (\nabla \times A) \right]. \tag{12.12}$$

Das gravitative Analogon zu Gleichung (12.12) ist die Geodätengleichung aus (5.22) nach

$$\frac{d^2 x^\mu}{d\tau^2} + \Gamma^\mu{}_{\nu\lambda} \frac{dx^\nu}{d\tau} \frac{dx^\lambda}{d\tau} = 0, \tag{12.13}$$

---

[178]   Massenreiche Objekte, wie zum Beispiel Sterne, werden bei Abwesenheit von Gas-, Zentrifugal- und Strahlungsdruck wegen ihrer enormen Masse mehr und mehr verdichtet. So kommt es bei toten Sterne, die nicht mehr im hydrostatischen Gleichgewicht stehen, zu sprunghaften Phasenübergängen. Dieses Phänomen wird auch als Instabilität der Gravitation bezeichnet. Siehe dazu auch (Müller A., 2014).

[179]   Zur Herleitung der Lösungen durch Entkoppeln der Maxwell-Gleichungen und Anwenden der Lorenz-Eichung siehe auch Abschnitt 17 aus (Fließbach, 2012b).

für die durch lineare Approximation im Newton'schen Grenzfall nach (5.38)

$$a^i = \frac{d^2 x^i}{dt^2} \approx -c^2 \Gamma^i{}_{00} = \frac{c^2}{2} g_{00,i} = -\nabla_i \Phi \qquad (12.14)$$

gilt.

Wir wollen nun neben der Approximation (12.14) eine exakte Lösung für a^i

angeben und berechnen mit $v^i = \frac{dx^i}{dt}$ deshalb

$$
\begin{aligned}
a^i \quad &= \quad \frac{d^2 x^i}{dt^2} = \left(\frac{dt}{d\tau}\right)^{-1} \frac{d}{d\tau}\left[\left(\frac{dt}{d\tau}\right)^{-1}\frac{dx^i}{d\tau}\right] \\[2mm]
&= \quad \left(\frac{dt}{d\tau}\right)^{-2}\frac{d^2 x^i}{d\tau^2} - \left(\frac{dt}{d\tau}\right)^{-3}\frac{d^2 t}{d\tau^2}\frac{dx^i}{d\tau} \\[2mm]
\overset{(5.22)}{=} \quad &\quad -\Gamma^i{}_{\nu\lambda}\frac{dx^\nu}{dt}\frac{dx^\lambda}{dt} + \frac{1}{c}\Gamma^0{}_{\nu\lambda}\frac{dx^\nu}{dt}\frac{dx^\lambda}{dt}\frac{dx^i}{dt} \\[2mm]
&= \quad -c^2\Gamma^i{}_{00} - 2c\Gamma^i{}_{0k}v^k - \Gamma^i{}_{km}v^k v^m
\end{aligned}
$$

$$+\left(c^2\Gamma^0{}_{00} + 2c\Gamma^0{}_{0k}v^k + \Gamma^0{}_{km}v^k v^m\right)\frac{v^i}{c}. \qquad (12.15)$$

Nun müssen die Christoffel-Symbole aus (12.15) in linearer Näherung berechnet werden. Dabei muss im allgemeinen Fall die Zeitabhängigkeit von $\Gamma^\mu{}_{\nu\lambda}$ berücksichtigt werden. Wir erinnern uns an die zeitunabhängigen Christoffel-Symbole (11.14) und ergänzen die Ableitungen nach der Zeit. Zudem werden zusätzlich Terme in $\Phi\frac{\partial\Phi}{\partial t}, \zeta_j\frac{\partial\Phi}{\partial t}, \Phi\zeta_{j,0}$ und $\zeta_i\zeta_{j,0}$ wegen der linearen Näherung ignoriert.

Es ergeben sich somit die zeitabhängigen Christoffel-Symbole

$$\Gamma^0{}_{00} = \frac{g^{0\nu}}{2}\left(g_{0\nu,0} + g_{0\nu,0} - g_{00,\nu}\right)$$

$$= \frac{1}{2}\left(2g^{0\nu}g_{0\nu,0} - g^{0\nu}g_{00,\nu}\right)$$

$$= \frac{1}{2}\left(2g^{00}g_{00,0} + 2g^{0i}g_{0i,0} - g^{00}g_{00,0} - g^{0i}g_{00,i}\right)$$

$$\approx \frac{1}{2}\left(g^{00}g_{00,0}\right)$$

$$\approx \frac{1}{c^2}\frac{\partial\Phi}{\partial(ct)}$$

$$= \frac{1}{c^3}\left(\frac{\partial\Phi}{\partial t}\right), \tag{12.16}$$

$$\Gamma^0{}_{i0} = \frac{g^{0\nu}}{2}\left(g_{i\nu,0} + g_{0\nu,i} - g_{i0,\nu}\right)$$

$$\overset{(11.10)}{\approx} \frac{1}{c^2}\nabla_i\Phi + \frac{1}{2}\left(g^{0\nu}g_{i\nu,0} - g^{00}g_{i0,0}\right)$$

$$= \frac{1}{c^2}\nabla_i\Phi + \frac{1}{2}\left(g^{00}g_{i0,0} + g^{0j}g_{ij,0} - g^{00}g_{i0,0}\right)$$

$$\approx \frac{1}{c^2}\nabla_i\Phi, \tag{12.17}$$

$$\Gamma^0{}_{im} \quad = \quad \frac{g^{0\nu}}{2}\left(g_{i\nu,m} + g_{m\nu,i} - g_{im,\nu}\right)$$

$$\overset{(11.13)}{\approx} \quad -\frac{1}{2}\left(\zeta_{i,m} + \zeta_{m,i}\right) - \frac{1}{2}g^{00}g_{im,0}$$

$$= \quad -\frac{1}{2}\left(\zeta_{i,m} + \zeta_{m,i}\right)$$

$$-\frac{1}{2}g^{00}\left(\delta_{i1}\delta_{1m}g_{11,0} + \delta_{i2}\delta_{2m}g_{22,0}\right)$$

$$-\frac{1}{2}g^{00}\left(\delta_{i3}\delta_{3m}g_{33,0}\right)$$

$$\approx \quad -\frac{1}{2}\left(\zeta_{i,m} + \zeta_{m,i}\right) - \frac{1}{c^3}\delta_{im}\frac{\partial \Phi}{\partial t}, \qquad\qquad \textbf{(12.18)}$$

$$\Gamma^i{}_{00} \quad = \quad \frac{g^{i\nu}}{2}\left(g_{0\nu,0} + g_{0\nu,0} - g_{00,\nu}\right)$$

$$= \quad \frac{1}{2}\left(g^{i\nu}g_{0\nu,0} + g^{i\nu}g_{0\nu,0} - g^{i\nu}g_{00,\nu}\right)$$

$$= \quad \frac{1}{2}\left(2g^{i0}g_{00,0} + 2g^{ij}g_{0j,0} - g^{i0}g_{00,0} - g^{ij}g_{00,j}\right)$$

$$= \quad \frac{1}{2}\left(g^{i0}g_{00,0} + 2g^{ij}g_{0j,0} - g^{ij}g_{00,j}\right)$$

$$\approx \quad \frac{1}{2}\left(g^{i0}g_{00,0} - g^{ij}g_{00,j}\right)$$

$$\approx \quad \frac{1}{c}\frac{\partial \zeta^i}{\partial t} + \frac{1}{c^2}\nabla_i\Phi, \qquad\qquad \textbf{(12.19)}$$

$$\Gamma^k{}_{i0} \quad = \quad \frac{g^{k\nu}}{2}\left(g_{i\nu,0} + g_{0\nu,i} - g_{i0,\nu}\right)$$

$$\overset{(11.11)}{\approx} \quad \frac{1}{2}\left(\zeta_{k,i} - \zeta_{i,k}\right) - \frac{1}{2}g^{k\nu}g_{i0,\nu}$$

$$= \quad \frac{1}{2}\left(\zeta_{k,i} - \zeta_{i,k}\right) - \frac{1}{2}\left(g^{k0}g_{i0,0} + g^{kj}g_{i0,j}\right)$$

$$\approx \quad \frac{1}{2}\left(\zeta_{k,i} - \zeta_{i,k}\right) - \frac{1}{c^3}\frac{\partial \Phi}{\partial t}\delta_{ik} \tag{12.20}$$

und

$$\Gamma^k{}_{im} \quad = \quad \frac{g^{k\nu}}{2}\left(g_{i\nu,m} + g_{m\nu,i} - g_{im,\nu}\right)$$

$$\overset{(11.12)}{\approx} \quad \frac{1}{c^2}\left(\delta_{im}\nabla_k\Phi - \delta_i^k\nabla_m\Phi - \delta_m^k\nabla_i\Phi\right) - \frac{1}{2}g^{k0}g_{im,0}$$

$$\approx \quad \frac{1}{c^2}\left(\delta_{im}\nabla_k\Phi - \delta_i^k\nabla_m\Phi - \delta_m^k\nabla_i\Phi\right). \tag{12.21}$$

Zusammengefasst lauten die Resultate

$$\Gamma^0{}_{00} \quad = -\frac{1}{c^3}\frac{\partial \Phi}{\partial t},$$

$$\Gamma^0{}_{i0} \quad = \frac{1}{c^2}\nabla_i\Phi,$$

$$\Gamma^0{}_{im} \quad = -\frac{1}{2}\left(\zeta_{i,m} + \zeta_{m,i}\right) - \frac{1}{c^3}\frac{\partial \Phi}{\partial t}\delta_{im},$$

$$\Gamma^i{}_{00} \quad = \frac{1}{c}\frac{\partial \zeta^i}{\partial t} + \frac{1}{c^2}\nabla_i\Phi,$$

$$\Gamma^k{}_{i0} \quad = \frac{1}{2}\left(\zeta_{k,i} - \zeta_{i,k}\right) - \frac{1}{c^3}\frac{\partial \Phi}{\partial t}\delta_{ik},$$

$$\Gamma^k{}_{im} \quad = \frac{1}{c^2}\left(\delta_{im}\nabla_k\Phi - \delta_i^k\nabla_m\Phi - \delta_m^k\nabla_i\Phi\right). \tag{12.22}$$

Im nächsten Schritt setzen wir (12.22) in (12.15) ein und ignorieren dabei Terme

in $\frac{v^2}{c^2}, \frac{\partial \Phi}{\partial t}$ und $\left(\frac{v^2}{c^2}\right) \nabla_i \Phi$, sodass wir

$$a^i = -c^2 \left(\frac{1}{c}\frac{\partial \zeta^i}{\partial t} + \frac{1}{c^2}\nabla_i \Phi\right)$$

$$+2c\left[\frac{1}{2}\left(\zeta_{k,i} - \zeta_{i,k}\right) + \frac{1}{c^3}\frac{\partial \Phi}{\partial t}\delta_{ik}\right]v^k$$

$$-\left[\frac{1}{c^2}\left(\delta_{km}\nabla_i \Phi - \delta_i^k \nabla_m \Phi - \delta_m^i \nabla_k \Phi\right)\right]v^k v^m$$

$$+c\left(-\frac{1}{c^3}\frac{\partial \Phi}{\partial t}\right)v^i + 2\frac{1}{c^2}\nabla_k \Phi v^k v^i$$

$$+\frac{1}{c}\left[-\frac{1}{2}\left(\zeta_{k,m} + \zeta_{m,k}\right) - \frac{1}{c^3}\frac{\partial \Phi}{\partial t}\delta_{km}\right]v^k v^m \, v^i$$

$$\approx -\nabla_i \Phi - c\frac{\partial \zeta^i}{\partial t} - c\left(\zeta_{i,k} - \zeta_{k,i}\right)v^k \tag{12.23}$$

bzw.

$$\boldsymbol{a} = -c\frac{\partial \boldsymbol{\zeta}}{\partial t} - \nabla \Phi + c\boldsymbol{v} \times (\nabla \times \boldsymbol{\zeta}) = \boldsymbol{g} + c\boldsymbol{v} \times (\nabla \times \boldsymbol{\zeta}) \tag{12.24}$$

mit

$$\boldsymbol{g} = -c\frac{\partial \boldsymbol{\zeta}}{\partial t} - \nabla \Phi_g \tag{12.25}$$

erhalten.

Der Vergleich von (12.24) mit (12.12) liefert bis auf Faktoren von c die Analogie der Strukturen von Elektromagnetismus und Gravitation mit

$$\Phi_e \leftrightarrow \Phi_g, \qquad \boldsymbol{A} \leftrightarrow \boldsymbol{\zeta}. \tag{12.26}$$

Wir bemerken an dieser Stelle, dass der Koeffizient $\frac{q}{m}$ in (12.12) in (12.24) zur Einheit wird. Die Ursache dafür liegt in der Analogie der elektrischen Ladung q zu der gravitativen und damit schweren Masse m. Die Ruhemasse m im Koeffizienten $\frac{q}{m}$ ist als träge Masse aufzufassen, weil sie aus $F = ma$ stammt. Nach dem Schwachen Äquivalenzprinzip gilt die Gleichheit von träger und schwerer Masse, weshalb $\frac{q}{m}$ beim Übergang in (12.24) zur Einheit wird. Dies gilt jedoch nur im LIS in der linearen Approximation.

Aus der Elektrodynamik ist uns bekannt, dass die Größe $\nabla \times A$ aus (12.12) ein magnetisches Feld beschreibt. Es bleibt zu klären, was dann das gravitative Analogon $\nabla \times \zeta$ beschreibt. Zur Beantwortung dieser Frage betrachten wir ein Teilchen, das sich mit Geschwindigkeit v' und Beschleunigung a' in einem LIS bewegt. In einem mit Winkelgeschwindigkeit ω rotierenden BS gilt bei Vernachlässigung der Zentrifugalkraft in linearer Näherung für die Beschleunigung[180]

$$a = a' + 2\omega \times v' + \omega \times (\omega \times x) \approx a' - 2v' \times \omega. \qquad (12.27)$$

Der zweite Term aus (12.27) ist die Coriolis-Kraft und weist die gleiche Struktur wie (12.24) mit

$$\nabla \times \zeta = -2\omega \qquad (12.28)$$

auf.

Setzen wir nun ζ aus (10.91) ein, erhalten wir

$$\begin{aligned}
\omega \quad &= \quad -\frac{1}{2}\nabla \times \zeta \\[2mm]
&= \quad \frac{G}{c^3}\nabla \times \left(\frac{J \times r}{r^3}\right) \\[2mm]
&= \quad \frac{G}{c^3 r^5}[3r(J \cdot r) - r^2 J] \\[2mm]
&\overset{(11.33)}{=} \quad \Omega_{\text{LT}}. \qquad (12.29)
\end{aligned}$$

Damit entspricht der Term $\nabla \times \zeta$ in linearer Approximation der Lense-Thirring-Präzession.

Korrekterweise müssten wir jedoch von (10.44) ausgehen und schreiben daher

$$f_{\mu\nu} = \frac{4G}{c^4}\int \frac{T_{\mu\nu}}{r}\,dV. \qquad (12.30)$$

---

[180]   Die Herleitung von (12.27) findet sich in Abschnitt 5.3 aus (Kibble und Berkshire, 2004).

Mit $\Phi_g \overset{(10.47)}{=} \frac{c^2}{4} f_{00}$ und der Massendichte ρ ergibt sich aus (12.30)

$$\Phi_g = \frac{G}{c^4} \int \frac{T_{00}}{r} dV = G \int \frac{\rho}{r} dV \qquad (12.31)$$

und mit $g_{0i} = \zeta_i = f_{0i}$ folgt

$$\zeta_i = \frac{4G}{c^4} \int \frac{T_{0i}}{r} dV = -\frac{4G}{c^4} \int \frac{T^{0i}}{r} dV = -\frac{4G}{c^3} \int \frac{\rho v^i}{r} dV. \qquad (12.32)$$

Offenbar ist (12.31) von derselben Struktur wie (12.9). Auch (12.32) weist bis auf

den zusätzlich auftretenden Faktor $-\frac{4G}{c^3}$ formale Ähnlichkeit mit (12.10) auf.

Zusammenfassend stellen wir fest, dass sich ART und ED strukturell ähnlich sind. Dennoch gibt es zwischen den betrachteten Theorien aufgrund von fehlenden negativen Massen auch Diskrepanzen.

13 Resümee und Ausblick

Wir wollen nun die im Voranstehenden erzielten Erkenntnisse Revue passieren lassen. Ausgangspunkt dieser Arbeit ist die klassische Newton'sche Gravitationstheorie im euklidischen Raum gewesen. Dort sind Massen bereits als Quellen von Gravitationsfeldern betrachtet worden. Physikalische Gesetze haben wir mithilfe der Galilei-Transformation in Inertialsystemen betrachten können. Da die Galilei-Transformation jedoch wegen der fehlenden Inklusion relativistischer Effekte nur begrenzt gültig ist und damit einer allgemeinen Relativitätstheorie nicht gerecht werden kann, ist der dreidimensionale euklidische Raum um eine zusätzliche Zeitkomponente zum Minkowski-Raum mit einer koordinatenunabhängigen Metrik erweitert und die Lorentz-Transformation eingeführt worden.

Durch die Einführung der Raumzeit müssen Raum und Zeit fortan gemeinsam betrachtet werden. Die Invarianz physikalischer Gesetze unter Lorentz-Transformationen hat sich insbesondere am Beispiel der Maxwell-Gleichungen bei Verwendung von Tensorgleichungen gezeigt. Ein erster Versuch des Aufstellens der Einstein'schen Feldgleichungen analog zur relativistischen Verallgemeinerung in der Elektrodynamik ist jedoch gescheitert. Trotzdem haben wir feststellen können, dass es eines Tensors 2. Stufe zum Aufstellen der Gleichungen bedarf und dass ebendiese Gleichungen, da Gravitationsfelder als Träger von Energie fungieren, von nicht-linearer Struktur sein müssen.

Die von uns betrachteten kovarianten Gleichungen sind jedoch der Einschränkung einer ausschließlichen Betrachtung von Inertialsystemen unterlegen. Von weiterführendem Interesse ist hingegen die Beschreibung physikalischer Gesetze in allgemeinen, beschleunigten Bezugssystemen gewesen.

Die dazu notwendige Grundlage liefert das Äquivalenzprinzip, mit dessen Hilfe physikalische Gesetze in beliebigen Bezugssystemen in infinitesimalen Raumzeiten wie in Lokalen Inertialsystemen beschrieben werden können. Zudem ergibt sich aus dem Äquivalenzprinzip die weitreichende Konsequenz der Äquivalenz von Trägheits- und Gravitationskräften. Damit ist die Beschreibung physikalischer Gesetze in bestimmten beschleunigten Bezugssystemen mit der Beschreibung ebendieser Gesetze in Gravitations-Feldern äquivalent.

Durch die allgemeine Koordinatentransformation ist es uns schließlich gelungen Rückschlüsse auf die allgemeine Form der Gesetze im Gravitationsfeld zu ziehen. Um solche allgemeinen Koordinaten-Transformationen überhaupt untersuchen zu können, ist der flache Minkowski-Raum, der lediglich die Betrachtung von Inertialsystemen erlaubt, zum gekrümmten Riemann-Raum erweitert worden. Die Einführung des Riemann-Raums hat zur Folge, dass der metrische Tensor koordinatenabhängig wird und infolgedessen die Christoffel-Symbole eingeführt werden können. Mithilfe der Christoffel-Symbole haben wir die Geodätengleichung im Riemann-Raum aufgestellt und damit den metrischen Tensor als Charakteristikum von Gravitationsfeldern interpretiert. Über den metrischen Tensor können auch Aussagen über etwaige Raumzeitkrümmungen getroffen werden, wodurch letztendlich die Erkenntnis eingetreten ist, dass Gravitationsfelder die Raumzeit krümmen. Insbesondere haben wir festgestellt, dass Masse als Quelle von Gravitationsfeldern die Raumzeit krümmt. Mit der Einführung des Krümmungstensors haben wir einen weiteren Indikator zur Identifikation etwaiger Raumzeitkrümmungen kennengelernt.

Damit sind sämtliche Grundlagen zum Aufstellen der Einstein'schen Feldgleichungen erarbeitet worden. Als Verallgemeinerung des Äquivalenz-Prinzips haben wir das Kovarianzprinzip aufgestellt, welches von den Feldgleichungen einerseits fordert, dass sie zur Erhaltung der Kovarianz unter allgemeinen Koordinatentransformationen die Struktur von Riemann-Tensorgleichungen haben müssen und andererseits dem Korrespondenzprinzip genügen sollen, damit sie sich im Grenzfall auf die Gesetze der SRT oder der Newton'schen Gravitationstheorie reduzieren. Konkret entspricht dies einer Reduktion im Grenzfall auf die Poisson- bzw. auf die Laplace-Gleichung.

Unter Berücksichtigung all dieser Bedingungen ist es uns gelungen die Einstein'schen Feldgleichungen herzuleiten. Damit können physikalische Gesetze in Gravitationsfeldern und damit in allgemeinen Bezugssystemen beschrieben werden.

Mithilfe der Feldgleichungen ist es uns möglich gewesen, den konkreten Fall eines statischen Gravitationsfeldes zu beschreiben und die dort geltende Schwarzschild-Metrik zu bestimmen. Unter Verwendung der Schwarzschild-Lösung haben wir anschließend die Bewegungsgleichung von massenbehafteten Teilchen und Licht in der Schwarzschild-Metrik bestimmt, um damit die drei klassischen, experimentellen Tests der allgemeinen Relativitätstheorie zu untersuchen. Es hat sich herausgestellt, dass die theoretisch erwarteten Werte der gravitativen Rotverschiebung, der Lichtablenkung im Gravitationsfeld und der Periheldrehung des Merkur durch verschiedene Experimente nachgewiesen sind und die Vorhersagen der Allgemeinen Relativitätstheorie damit bestätigt werden. Wir haben jedoch nur einen kleinen Ausschnitt aus einer Vielzahl von möglichen Tests der ART untersuchen können. Dennoch wurde die ART bis heute noch nicht falsifiziert.[181]

Ferner haben wir uns weiterführend der Betrachtung stationärer Gravitationsfelder mit rotierender Quelle gewidmet, um die Auswirkungen des Lense-Thirring-Effekts zu eruieren. Dieser beschreibt in Analogie zum Elektromagnetismus eine Spin-Präzession und wird deshalb der Klasse der gravitomagnetischen Effekte zugeordnet. Charakterisiert wird der Effekt im Vergleich zum statischen Fall durch zusätzlich auftretende Terme im metrischen Tensor, die zur Spin-Präzession führen. Zusätzlich ist auch der de Sitter-Effekt thematisiert worden, der zwar auch der Klasse der gravitativen Präzessionseffekte, nicht aber der Klasse der gravitomagnetischen Effekte zugeordnet wird, da für dessen Auftreten die Rotation der Quelle keine Rolle spielt. Unter Zuhilfenahme der betrachteten gravitativen Präzessionseffekte und der nicht-gravitativen Thomas-Präzession ist die totale Präzessionsrate eines Objekts im Orbit einer rotierenden Quelle bestimmt worden. Zudem sind die theoretisch berechneten Werte mit den Messdaten der Gravity Probe B von 2011 verglichen worden, woraus eine weitere Bestätigung der Allgemeinen Relativitätstheorie resultiert.

Abschließend haben wir erneut die strukturelle Ähnlichkeit zwischen der Allgemeinen Relativitätstheorie und der relativistischen Elektrodynamik untersucht und viele Gemeinsamkeiten festgestellt. Unterschiede sind dabei auf die Nicht-Existenz negativer Massen und die nicht-lineare Struktur der Einstein'schen Feldgleichungen zurückzuführen.

Dem Leser wird nicht entgangen sein, dass im Rahmen dieser Arbeit nicht alle Aspekte der ART beleuchtet worden sind. Auch ist unsere Vorgehensweise

---

[181]   Eine umfangreiche Abhandlung, die viele Tests der ART enthält, findet sich in (Berti et al., 2015).

mathematisch nicht immer vollständig begründet gewesen, da wir einige Voraussetzungen nicht thematisiert haben. Manche Konstrukte wie zum Beispiel die Bianchi-Identitäten müssen daher ohne Beweis oder Herleitung angenommen werden. So ist die Differentialgeometrie, obwohl sie als mathematische Grundlage moderner Darstellungen der ART fungiert, nur in sehr groben Zügen thematisiert worden. Da diese Arbeit jedoch primär verständnisfördernde Inhalte vermitteln möchte, ist auf die Behandlung der Differentialgeometrie verzichtet worden. Dem mathematisch exakten wurde deshalb ein phänomenologisches Vorgehen vorgezogen.

Die Verwendung der Schwarzschild-Metrik und der Lense-Thirring-Metrik als Grundlage der betrachteten Spezialfälle ist im Kontext einer näherungsweisen Analyse geschehen. Um alle in der Realität auftretenden Effekte in die Betrachtung mit einzubeziehen, bedürfte es einer viel komplizierteren Metrik und umfangreicheren Berechnungen als die von uns vorgestellten. So sind wir von zahlreichen Vereinfachungen und linearen Näherungen ausgegangen, um im Rahmen dieser Arbeit zu einer Lösung gelangen zu können. Faszinierend ist, dass die in dieser Näherung theoretisch berechneten Werte trotzdem sehr gut mit den realen Messdaten übereinstimmen. Die erzielten Resultate legitimieren damit das Vernachlässigen Terme höherer Ordnung, die anscheinend nur einen äußerst geringen Korrekturfaktor beinhalten.

Wir möchten an dieser Stelle kurz daran erinnern, dass die Akzeptanz und damit auch der Erfolg der ART maßgeblich von der experimentellen Bestätigung der getroffenen Vorhersagen abhängig gewesen ist. Kurz nach Veröffentlichung der Theorie ist Einstein jedoch heftig kritisiert worden,[182] weshalb er stets in der Rechtfertigung gestanden ist.[183]

Zudem können im begrenzten Rahmen dieser Arbeit auch nicht alle physikalischen Effekte, die erst durch die ART erklärbar geworden sind, thematisiert werden. So kann beispielsweise auf das Phänomen der Gravitationswellen in dieser Arbeit trotz der aktuellen Präsenz nicht weiter eingegangen werden. Weitere kosmologische Phänomene wie die Beschreibung von Schwarzen Löchern, die Untersuchung der

---

[182]   Siehe dazu (Gleich, 1926), (Raschevsky, 1923) oder auch (Müller A. , 1923).
[183]   Siehe auch (Laue, 1920).

Struktur von Sternen bis hin zu Überlegungen zur Entstehung des Universums liegen ebenfalls im Erfassungsbereich der ART.

Die Grenzen der ART werden vermutlich erst in der Größenordnung der Planck-Einheiten erreicht. In den Planck-Einheiten sind etwa Gravitationskraft und elektromagnetische Kraft gleich groß, sodass sich die Gravitation und Elektromagnetismus in dieser Größenordnung möglicherweise vereinen ließen. Es wird spekuliert, dass dort an die Stelle der ART eine noch allgemeinere Theorie tritt, welche die ART als Grenzwert enthält. Eine solche Quantengravitationstheorie könnte dann in Verbindung mit den quantisierten Theorien der elektromagnetischen, der starken und der schwachen Wechselwirkung zu einer „Theory of Everything" führen. Noch bleibt dies aber alles höchst spekulativ.

Zudem ist festgestellt worden, dass sich das Universum schneller ausdehnt, als von Einstein postuliert. Die Wissenschaft ist deshalb auf der Suche nach sogenannter Dunkler Materie[184] und Dunkler Energie, die für die größere Expansionsgeschwindigkeit[185] verantwortlich sein könnten, um das Phänomen im Rahmen von Einsteins Theorie zu erklären. Kritiker sehen an dieser Stelle ein Versagen der Theorie. Doch auch hier sind noch keine eindeutigen Beweise gefunden worden.

Schlussendlich ist jedoch festzuhalten, dass es Einstein gelungen ist, eine in sich konsistente und bis heute gültige Theorie aufzustellen, mit deren Hilfe es möglich ist, physikalische Gesetze in beliebigen Bezugssystemen und damit insbesondere in Gravitationsfeldern adäquat zu beschreiben. Nicht ohne Grund hat sich die ART gegen alle anderen alternativen Theorien durchgesetzt und ist auch heute die Standardtheorie der Gravitation. Ohne die ART wäre eine tiefgründige Auseinandersetzung mit den Geheimnissen des Universums nicht möglich.

---

[184]   Siehe dazu auch (Clowe et al., 2006).
[185]   Weitere Informationen finden sich in (Wiltshire, 2011).

Literaturverzeichnis

Adams, W. S. (Juni 1925). A Study of the Gravitational Displacement of the Spectral Lines in the Companion of Sirius. *Publications of the Astronomical Society of the Pacific, Jahrgang 37, Heft 217*, S. 158-158.

Artemenko, A. V. und Pozhidaeva, M. P. (Dezember 1988). Invariants, singularities, and parameters of a Kerr solution source. *Soviet Physics Journal, Jahrgang 31, Heft 12*, S. 986-989.

Baeßler, S., Heckel, B., Adelberger, E., Grundlach, J., Schmidt, U. und Swanson, H. (1. November 1999). Improved Test of the Equivalence Principle for Gravitational Self-Energy. *Physical Review Letters, Jahrgang 83, Heft 18*, S. 3585-3588.

Baker, J. (2009). *50 Schlüsselideen: Physik*. Heidelberg: Springer Spektrum-Verlag.

Barstow, M. A., Bond, H. E., Holberg, J. B., Burleigh, M. R., Hubeny, I. und Koester, D. (25. Mai 2005). Hubble Space Telescope Spectroscopy of the Balmer Lines in Sirius B. *Monthly Notices of the Royal Astronomical Society, Jahrgang 362, Heft 4*, S. 1134-1142.

Bartelmann, M., Feuerbacher, B., Krüger, T., Lüst, D., Rebhan, A. und Wipf, A. (2015). *Theoretische Physik*. Heidelberg: Springer Spektrum-Verlag.

Berti, E., Barausse, E., Cardoso, V., Gualtieri, L., Pani, P. und Sperhake, U. (1. Dezember 2015). Testing general relativity with present and future astrophysical observations. *Classic and Quantum Gravity, Jahrgang 32, Heft 24*, S. 1-179.

Boblest, S., Müller, T. und Wunner, G. (2016). *Spezielle und allgemeine Relativitätstheorie: Grundlagen, Anwendungen in Astrophysik und Kosmologie sowie relativistische Visualisierung*. Heidelberg: Springer Spektum-Verlag.

Brandt, S. und Dahmen, H. (2005). *Elektrodynamik: Eine Einführung in Experiment und Theorie*. Heidelberg: Springer-Verlag.

Bronnikov, K. A. und Melnikov, V. N. (1995). The Birkhoff Theorem in Multidimensional Gravity. *General Relativity and Gravitation, Jahrgang 27, Heft 5*, S. 465-474.

Camenzid, M. (2016). *Gravitation und Physik kompakter Objekte: Eine Einführung in die Welt der Weißen Zwerge, Neutronensterne und Schwarzen Löcher*. Berlin, Heidelberg: Springer Spektrum-Verlag.

Ciufolini, I. und Pavlis, E. C. (21. Oktober 2004). A confirmation of the general relativistic prediction of the Lense–Thirring effect. *Nature, Jahrgang 431, Heft 7011*, S. 958-960.

Clemence, G. (Oktober 1947). The Relativity Effect in Planetary Motions. *Reviews of Modern Physics, Jahrgang 19, Heft 4*, S. 361-364.

Clowe, D., Bradač, M., Gonzalez, A., Markevitch, M., Randall, S., Jones, C. und Zaritsky, D. (20. August 2006). A Direct Empirical Proof of the Existence of Dark Matter. *The Astrophysical Journal Letters, Jahrgang 648, Heft 2*, S. 109-113.

Courant, R. und Hilbert, D. (1937). *Methoden der mathematischen Physik, Band 2*. Berlin: Verlag von Julius Springer.

Demtröder, W. (2015). *Experimentalphysik 1: Mechanik und Wärme*. Berlin, Heidelberg: Springer Spektrum-Verlag.

Dirac, P. (1975). *General Theory of Relativity*. New York, London, Sydney, Toronto: John Wiley und Sons, Inc.

Dreizler, R. M. und Lüdde, C. S. (2005). *Theoretische Physik 2: Elektrodynamik und spezielle Relativitätstheorie*. Heidelberg: Springer-Verlag.

Dyson, F. W., Eddington, A. S. und Davidson, C. (1. Januar 1920). A Determination of the Deflection of Light by the Sun's Gravitational Field, from Observations Made at the Total Eclipse of May 29, 1919. *Philosophical Transactions of the Royal Society London A, Jahrgang 220, Heft 571-581*, S. 291–333.

Ehrlich, P. E. (1976). Zwei Bemerkungen über die Ricci-Krümmung. *Mathematische Zeitschrift, Jahrgang 147, Heft 1*, S. 29-34.

Einstein, A. (1905). Zur Elektrodynamik bewegter Körper. *Annalen der Physik, Jahrgang 3, Heft 10*, S. 891-921.

Einstein, A. (1907). Über das Relativitätsprinzip und die aus demselben gezogenen Folgerungen. In J. Stark, *Jahrbuch der Radioaktivität und Elektronik, Band 4* (S. 411-462). Leipzig: S. Hirzel Verlag.

Einstein, A. (1911). Über den Einfluß der Schwerkraft auf die Ausbreitung des Lichtes. *Annalen der Physik, Jahrgang 340, Heft 10*, S. 898–908.

Einstein, A. (1915a). Die Feldgleichungen der Gravitation. *Sitzungsberichte der Preussischen Akademie der Wissenschaften* (S. 844-847). Berlin: Verlag der königlichen Akademien der Wissenschaften.

Einstein, A. (1915b). Erklärung der Perihelbewegung des Merkur aus der allgemeinen Relativitätstheorie. *Sitzungsberichte der Königlich Preußischen Akademie der Wissenschaften* (S. 831-839). Berlin: Verlag der königlichen Akademien der Wissenschaften.

Einstein, A. (1915c). Zur allgemeinen Relativitätstheorie. *Sitzungsberichte der Preussischen Akademie der Wissenschaften* (S. 778-786). Berlin: Verlag der Akademie der Wissenschaften.

Einstein, A. (1916). Die Grundlage der allgemeinen Relativitätstheorie. *Annalen der Physik, Jahrgang 354, Heft 7*, S. 769–822.

Einstein, A. (1918). Über Gravitationswellen. *Sitzungsberichte der Preussischen Akademie der Wissenschaften* (S. 154-167). Berlin: Verlag der königlichen Akademien der Wissenschaften.

Ellwanger, U. (2015). *Vom Universum zu den Elementarteilchen: Eine erste Einführung in die Kosmologie und die fundamentalen Wechselwirkungen.* Berlin, Heidelberg: Springer Spektrum-Verlag.

Eötvös, R. B. (1891). Über die Anziehung der Erde auf verschiedene Substanzen. In I. Fröhlich, *Mathematische und naturwissenschaftliche Berichte aus Ungarn, Band VIII* (S. 65-68). Berlin, Budapest: B. Friedländer und Sohn / Friedrich Kilian.

ESA. (2016). *ESA: Space for Europe.* Abgerufen am 02.02.16 von http://sci.esa.int/hipparcos/31905-about-the-mission/

Eschenburg, J.-H. und Jost, J. (2007). *Differentialgeometrie und Minimalflächen.* Berlin, Heidelberg: Springer-Verlag.

Everitt, C., DeBra, D., Parkinson, B., Turneaure, J., Conklin, J., Heifetz, M., . . . Wang, S. (3. Juni 2011). Gravity Probe B: Final Results of a Space Experiment to Test General Relativity. *Physical Review Letters, Jahrgang 106, Heft 22,* S. 1-5.

Everitt, F. C. (04. Mai 2011). *Gravity Probe B Final Results Announcement.* Abgerufen am 20. Februar 2016 von NASA: http://einstein.stanford.edu/Media/results-nasa_hq.html

Fischer, H. und Kaul, H. (2007). *Mathematik für Physiker: Band 1: Grundkurs.* Wiesbaden: B. G. Teubner Verlag / GWV Fachverlage GmbH.

Fließbach, T. (2009). *Mechanik: Lehrbuch zur Theoretischen Physik I.* Heidelberg: Springer Spektrum-Verlag.

Fließbach, T. (2012a). *Allgemeine Relativitätstheorie.* Berlin: Springer Spektrum-Verlag.

Fließbach, T. (2012b). *Elektrodynamik: Lehrbuch zur Theoretischen Physik II.* Berlin, Heidelberg: Springer Spektrum-Verlag.

Galilei, G. (1890). *Unterredungen und mathematische Demonstration über zwei neue Wissenszweige die Mechanik und die Fallgesetze betreffend.* (A. von Oettingen, Übers.) Leipzig: Verlag von Wilhelm Engelmann.

Galilei, G. (1891). *Dialog über die beiden hauptsächlichsten Weltsysteme, das Ptolemäische und das Kopernikanische.* (E. Strauss, Übers.)Leipzig: Verlag von B. G. Teubner.

Gleich, G. (Januar 1926). Zur Frage der relativistischen Keplerbewegung. *Zeitschrift für Physik, Jahrgang 35, Heft 1,* S. 7-21.

Göbel, H. (2014). *Gravitation und Relativität: Eine Einführung in die Allgemeine Relativitätstheorie.* München: Oldenbourg Wissenschaftsverlag GmbH.

Goldhorn, K.-H. und Heinz, H.-P. (2007). *Mathematik für Physiker 1: Grundlagen aus Analysis und Linearer Algebra.* Berlin, Heidelberg: Springer-Verlag.

Goldstein, H., Poole, C. und Safko, J. (2001). *Classical Mechanics: Third Edition.* San Francisco, Bostor, New York, Capetown, Hong Kong, London, Madrid, Mexico City, Montreal, Munich, Paris, Singapore, Sydney, Tokyo, Toronto: Addison-Wesley.

Günther, H. (2013). *Die Spezielle Relativitätstheorie: Einsteins Welt in einer neuen Axiomatik.* Wiesbaden: Springer Spektrum-Verlag.

Hanslmeier, A. (2013). *Faszination Astronomie: Ein topaktueller Einstieg für alle naturwissenschaftlich Interessierten.* Berlin, Heidelberg: Springer Spektrum-Verlag.

Iskraut, R. (18. Mai 1942). Bemerkungen zum Energie-Impuls-Tensor der Feldtheorien der Materie. *Zeitschrift für Physik, Jahrgang 119, Heft 11*, S. 659-676.

Ivanov, S. (2006). *Theoretical and Quantum Mechanics: Fundamentals for Chemists.* Dordrecht: Springer-Verlag.

Jänich. (2011). *Mathematik 2: Geschrieben für Physiker.* Berlin, Heidelberg: Springer-Verlag.

Jordan, P. (Juli 1948a). Über den Riemannschen Krümmungstensor: I. Einsteinsche Theorie. *Zeitschrift für Physik, Jahrgang 124, Heft 7*, S. 602-607.

Jordan, P. (Juli 1948b). Über den Riemannschen Krümmungstensor: II. Eddingtonsche und Schrödingersche Theorie. *Zeitschrift für Physik, Jahrgang 124, Heft 7*, S. 608-613.

Kibble, T. W. und Berkshire, F. H. (2004). *Classical Mechanics.* London: Imperial College Press.

Knaber, P. und Barth, W. (2013). *Lineare Algebra: Grundlagen und Anwendungen.* Berlin, Heidelberg: Springer Spektrum-Verlag.

Koebe, P. (1927). Allgemeine Theorie der Riemannschen Mannigfaltigkeiten: Konforme Abbildungen und Uniformisierung. *Acta Mathematica, Jahrgang 50, Heft 1*, S. 27-157.

Lämmerzahl, C. (2007). *ZARM.* Abgerufen am 21. März 2016 von https://www.zarm.uni-bremen.de/drop-tower.html

Lämmerzahl, C. und Dittus, H. (1999). Das Äquivalenzprinzip auf dem Prüfstand. *Physik in unserer Zeit, Jahrgang 30, Heft 2*, S. 54-61.

Landau, L. D. und Lifshitz, E. M. (1971). *The Classical Theory of Fields.* Oxford, New York, Toronto, Sydney, Braunschweig: Pergamon Press Ltd.

Lange, L. (1885). Ueber die wissenschaftliche Fassung des Galilei'schen Beharrungsgesetzes. *Philosophische Studien, Jahrgang 2*, S. 266-297.

Laue, M. v. (September 1920). Historisch-Kritisches über die Perihelbewegung des Merkur. *Die Naturwissenschaften, Jahrgang 8, Heft 37*, S. 735-736.

Le Gall, J.-Y. (2016). *CNES.* Abgerufen am 21. März 2016 von https://microscope.cnes.fr/en/MICROSCOPE/index.htm

Lee, J. M. (1997). *Riemannian Manifolds: An Introduction to Curvature.* New York: Springer-Verlag.

Lense, J. und Thirring, H. (1918). Über den Einfluß der Eigenrotation der Zentralkörper auf die Bewegung der Planeten und Monde nach der Einsteinschen Gravitationstheorie. *Physikalische Zeitschrift, Jahrgang 19, Heft 156*, S. 156–163.

LIGO Scientific Collaboration and Virgo Collaboration. (11. Februar 2016). Observation of Gravitational Waves from a Binary Black Hole Merger. *Physical Review Letters*, S. 1-16.

Lüders, K. und Pohl, R. O. (2009). *Pohls Einführung in die Physik*. Berlin, Heidelberg: Springer-Verlag.

Misner, C. W., Thorne, K. S. und Wheeler, J. A. (1973). *Gravitation*. San Francisco: W.H. Freeman and Company.

Mohr, P. J., Newell, D. B. und Taylor, B. N. (2015). CODATA Recommended Values for Fundamental Physical Constants. Gaithersburg, Maryland, USA: National Institute of Standards and Technology. Abgerufen am 01. Februar 2016 von http://physics.nist.gov/cuu/Constants/index.html

Møller, C. (1955). *The Theory of Relativity*. Oxford: University Press.

Müller, A. (Dezember 1923). Probleme der speziellen Relativitätstheorie. *Zeitschrift für Physik, Jahrgang 17, Heft 1*, S. 409-420.

Müller, A. (2014). *Spektrum*. Abgerufen am 21. März 2016 von http://www.spektrum.de/lexikon/astronomie/gravitationskollaps/152

Newton, I. (1848). *Newton's Principia: The Mathematical Principles of Natural Philosophy and Newton's System of the World*. (A. Motte, Übers.) New York: Daniel Adee.

Pais, A. (1982). *Subtle is the Lord: The Science and the Life of Albert Einstein*. New York: Oxford University Press Inc.

Perryman, M. (2009). *Astronomical Applications of Astrometry: Ten Years of Exploitation of the Hipparcos Satellite Data*. New York: Cambridge University Press.

Petrascheck, D. und Schwabl, F. (2016). *Elektrodynamik*. Heidelberg: Springer Spektrum-Verlag.

Planck, M. (1900). Ueber irreversible Strahlungsvorgänge. *Annalen der Physik, Jahrgang 306, Heft 1*, S. 69-122.

Pullin, J. (1986). The Parallel Transport of a Vector: Its Physical Meaning in Three Geometrical Unified Field Theories. *General Relativity and Gravitation, Jahrgang 18, Heft 11*, S. 1087-1091.

Raschevsky, N. v. (Dezember 1923). Kritische Untersuchungen zu den physikalischen Grundlagen der Relativitätstheorie. *Zeitschrift für Physik, Jahrgang 14, Heft 1*, S. 107-149.

Reasenberg, R. D., Patla, B. R., Phillips, J. D. und Thapa, R. (15. August 2012). Design and characteristics of a WEP test in a sounding-rocket payload. *Classical and Quantum Gravity, Jahrgang 29, Heft 18, Artikel 184013*.

Rebhan, E. (2012). *Theoretische Physik: Relativitätstheorie und Kosmologie*. Heidelberg: Springer Spektrum-Verlag.

Rindler, W. (2006). *Relativity: Special, General, and Cosmological*. New York: Oxford University Press.

Ryder, L. (2009). *Introduction to General Relativity.* New York: Cambridge University Press.

Scheck, F. (2007a). *Theoretische Physik 1: Mechanik: Von den Newtonschen Gesetzen zum deterministischen Chaos.* Berlin, Heidelberg: Springer-Verlag.

Scheck, F. (2007b). *Theoretische Physik 4: Quantisierte Felder: Von den Symmetrien zur Quantenelektrodynamik.* Heidelberg: Springer-Verlag.

Scheck, F. (2010). *Theoretische Physik 3: Klassische Feldtheorie: Von Elektrodynamik, nicht-Ableschen Eichtheorien und Gravitation.* Berlin, Heidelberg: Springer-Verlag.

Scherer, S. (2016). *Symmetrien und Gruppen in der Teilchenphysik.* Berlin, Heidelberg: Springer Spektrum-Verlag.

Schlichenmaier, M. (1989). *An Introduction to Riemann Surfaces, Algebraic Curves and Moduli Spaces.* Berlin, Heidelberg: Springer-Verlag.

Schmidt-Ott, W.-D. (1965). Einige neuere Messungen zur Prüfung der speziellen Relativitätstheorie. *Die Naturwissenschaften, Jahrgang 52, Heft 23,* S. 636-939.

Schmüser, P. (2013). *Theoretische Physik für Studierende des Lehramts 2: Elektrodynamik und Spezielle Relativitätstheorie.* Berlin, Heidelberg: Springer Spektrum-Verlag.

Schouten, J. (1924). *Der Ricci-Kalkül: Eine Einführung in die Neueren Methoden und Probleme der Mehrdimensionalen Differentialgeometrie.* Heidelberg: Springer-Verlag.

Schutz, J. W. (1973). *Foundations of Special Relativity: Kinematic Axioms for Minkowski Space-Time.* Berlin, Heidelberg, New York: Springer-Verlag.

Schwarzschild, K. (1916). Über das Gravitationsfeld eines Massenpunktes nach der Einsteinschen Theorie. *Sitzungsberichte der Preussischen Akademie der Wissenschaften* (S. 189-196). Berlin: Verlag der königlichen Akademien der Wissenschaften.

Simon, W. (Mai 1984). Characterizations of the Kerr metric. *General Relativity and Gravitation, Jahrgang 16, Heft 5,* S. 465-476.

Soffel, M. H. und Bührke, T. (1992). Das Äquivalenzprinzip auf dem Prüfstand. *Physik in unserer Zeit, Jahrgang 23, Heft 6,* S. 259-262.

Sonne, B. (2016). *Allgemeine Relativitätstheorie für jedermann: Grundlagen, Experimente und Anwendungen verständlich formuliert.* Wiesbaden: Springer Spektrum-Verlag.

Sonne, B. und Weiß, R. (2013). *Einsteins Theorien: Spezielle und Allgemeine Relativitätstheorie für interessierte Einsteiger und zur Wiederholung.* Berlin, Heidelberg: Springer Spektrum-Verlag.

Standish, M. (2015). *Jet Propulsion Laboratory.* Abgerufen am 23. Februar 2016 von San Diego Mesa College: http://classroom.sdmesa.edu/ssiegel/Physics%20197/labs/Mercury%20Precession.pdf

Thomas, L. H. (10. April 1926). The Motion of the Spinning Electron. *Nature, Jahrgang 117, Heft 2945*, S. 514-514.

Tipler, P. A., Mosca, G. und Wagner, J. (2015). *Physik für Wissenschaftler und Ingenieure*. Berlin, Heidelberg: Springer-Verlag.

Turyshev, S. G. (November 2008). Experimental Tests of General Relativity. *Annual Review of Nuclear and Particle Systems, Jahrgang 58, Heft 1*, S. 207-248.

Van Den Bergh, N. (Oktober 1980). General solutions for a static isotropic metric in the Brans-Dicke gravitational theory. *General Relativity and Gravitation, Jahrgang 12, Heft 10*, S. 863-869.

Wald, R. M. (1984). *General Relativity*. London: The University of Chicago Press.

Weinberg, S. (1972). *Gravitation and Cosmology: Principles and Applications of the General Theory of Relativity*. New York, London, Sydney, Toronto: John Wiley und Sons, Inc.

Wess, J. (2008). *Theoretische Mechanik*. Berlin, Heidelberg: Springer-Verlag.

Will, C. M. (31. Mai 2011). *Viewpoint: Finally, results from Gravity Probe B*. Abgerufen am 20. Februar 2016 von American Physical Society Physics: http://physics.aps.org/articles/v4/43

Williams, D. R. (22. Dezember 2015). *Mercury Fact Sheet*. Abgerufen am 12. Februar 2016 von NASA: http://nssdc.gsfc.nasa.gov/planetary/factsheet/mercuryfact.html

Williams, D. R. (29. Februar 2016a). *Earth Fact Sheet*. Abgerufen am 01. März 2016 von NASA: http://nssdc.gsfc.nasa.gov/planetary/factsheet/earthfact.html

Williams, D. R. (04. Januar 2016b). *Sun Fact Sheet*. Abgerufen am 01. Februar 2016 von NASA: http://nssdc.gsfc.nasa.gov/planetary/factsheet/sunfact.html

Wiltshire, D. (11. Februar 2011). *Gravitational energy as dark energy: Cosmic structure and apparent acceleration*. Von Cornell University Library: http://arxiv.org/abs/1102.2045 abgerufen

Woodhouse, N. (2016). *Spezielle Relativitätstheorie*. Berlin, Heidelberg: Springer Spektrum-Verlag.

Zeidler, E. (2013). *Springer-Handbuch der Mathematik II*. Wiesbaden: Springer Spektrum-Verlag.

Printed in the United States
By Bookmasters